U0062799

“十四五”时期国家重点出版物出版专项规划项目

现代数学基础丛书 203

凸 分 析

刘 歆 刘亚锋 编著

科 学 出 版 社

北 京

内 容 简 介

凸分析的主要研究对象是欧氏空间中的凸集合和凸函数，以锥、次微分和对偶理论为核心，建立了优化问题的最优性条件，并构建了现代非光滑和变分分析的基础. 本书共分三章：第 1 章主要介绍相关的基本概念和工具，包括欧氏空间、拓展实值函数、函数半连续性、包算子、仿射映射等；第 2 章聚焦于凸集和凸锥以及各自诱导的包算子，主要内容包括凸包、相对拓扑、锥近似、投影、Moreau 分解和分离定理等；第 3 章聚焦于凸函数，主要内容包括凸函数的仿射下界、Moreau 包络、连续性、对偶理论、次微分等.

本书可作为应用数学、运筹学及相关学科的高年级本科生、研究生的教学用书和参考书.

图书在版编目(CIP)数据

凸分析/刘歆, 刘亚锋编著. —北京：科学出版社, 2024.3
(现代数学基础丛书; 203)
ISBN 978-7-03-077542-9

Ⅰ. ①凸…　Ⅱ. ①刘…　②刘…　Ⅲ. ①凸分析–研究　Ⅳ. ①O174.13

中国国家版本馆 CIP 数据核字(2024)第 013729 号

责任编辑：李静科　李　萍／责任校对：彭珍珍
责任印制：张　伟／封面设计：陈　敬

科学出版社 出版
北京东黄城根北街 16 号
邮政编码：100717
http://www.sciencep.com
北京建宏印刷有限公司印刷
科学出版社发行　各地新华书店经销
*
2024 年 3 月第　一　版　开本：720 × 1000　1/16
2024.年 3 月第一次印刷　印张：7 3/4
字数：151 000

定价：68.00 元

(如有印装质量问题，我社负责调换)

“现代数学基础丛书”序

在信息时代，数学是社会发展的一块基石.

由于互联网，现在人们获得数学知识和信息的途径之多和便捷性是以前难以想象的. 另一方面人们通过搜索在互联网获得的数学知识和信息很难做到系统深入，也很难保证在互联网上阅读到的数学知识和信息的质量.

在这样的背景下，高品质的数学书就变得益发重要.

科学出版社组织出版的“现代数学基础丛书”旨在对重要的数学分支和研究方向或专题作系统的介绍，注重基础性和时代性. 丛书的目标读者主要是数学专业的高年级本科生、研究生以及数学教师和科研人员，丛书的部分卷次对其他与数学联系紧密的学科的研究生和学者也是有参考价值的.

本丛书自 1981 年面世以来，已出版 200 卷，介绍的主题广泛，内容精当，在业内享有很高的声誉，深受尊重，对我国的数学人才培养和数学研究发挥了非常重要的作用.

这套丛书已有四十余年的历史，一直得到数学界各方面的大力支持，科学出版社也十分重视，高专业标准编辑丛书的每一卷. 今天，我国的数学水平不论是广度还是深度都已经远远高于四十年前，同时，世界数学的发展也更为迅速，我们对跟上时代步伐的高品质数学书的需求从而更为迫切. 我们诚挚地希望，在大家的支持下，这套丛书能与时俱进，越办越好，为我国数学教育和数学研究的继续发展做出不负期望的重要贡献.

席南华

2024 年 1 月

前 言

(集合和函数的) 凸性在数学的众多领域中发挥着重要的作用, 例如非线性最优化、最优控制、变分法、统计学、逼近论等. 凸分析作为一门学科, 现在普遍认为其奠基人是 Hermann Minkowski (1864—1909)、Werner Fenchel (1905—1988)、Jean-Jacques Moreau (1923—2014) 和 Ralph Tyrrell Rockafellar (1935—). 凸分析以次微分和对偶理论为核心, 构建了现代非光滑和非凸变分分析的基础. 凸性与最优化问题和其他变分问题密切相关, 凸性在变分分析中扮演的角色和线性性在传统分析中扮演的角色相同. 正如 Rockafellar 所说: "优化中的基本分水岭不在于线性与非线性, 而在于凸性与非凸性."

近年来, 由于凸优化算法在机器学习和大数据分析中广泛应用, 凸分析正经历着一次巨大的复兴. 本书的两位作者在中国科学院大学长期讲授校级优秀课程 "凸分析". 本书也是在授课的手稿基础上结合 Hiriart-Urruty 和 Lemaréchal 的经典著作[12] 以及 Rockafellar 的经典著作[9] 整理而成的. 作者竭尽所能用简单的语言介绍凸分析的基本理论, 同时希望强调凸分析基本理论工具与非线性最优化之间的联系.

本书共分三章: 第 1 章主要介绍为了学习后面内容所需要的基本概念和工具, 包括欧氏空间、拓展实值函数、函数半连续性、包算子以及仿射映射等; 第 2 章聚焦于凸集和凸锥以及各自诱导的包算子, 主要内容包括凸包、相对拓扑、锥近似、投影、Moreau 分解和分离定理等; 第 3 章聚焦于凸函数, 主要内容包括凸函数的仿射下界、Moreau 包络、连续性、对偶理论、次微分等. 每章后面都配有一定数量的习题, 供读者练习和进一步思考.

本书在编写过程中得到了袁亚湘院士的指导; 在定稿过程中, 胡雨宽和范熙来仔细阅读了初稿, 提出了宝贵的修改意见; 本书的出版得到了中国科学院数学与系统科学研究院的资助, 以及科学出版社的支持, 在此一并表示衷心的感谢.

限于作者的水平, 书中难免存在不妥和错误之处, 恳请专家和读者不吝批评指正.

刘 歆 刘亚锋

2023 年 7 月

目　录

第 1 章 预备知识

本章的内容将为后面的分析提供工具. 我们首先回顾欧氏空间中子空间、映射等基本概念及其性质. 之后所有的讨论都是默认在欧氏空间中的. 为了方便以后分析凸函数和凸优化问题, 我们接着引入拓展的实数轴、实数运算和函数半连续的概念, 并将其用于对优化问题解存在性的初步分析中. 最后, 我们介绍包算子的概念, 并用它来定义仿射包.

1.1 欧氏空间

任给一 (向量) 空间 V, 其上的**内积** (inner product) $\langle\cdot,\cdot\rangle : V\times V\to\mathbb{R}$ 满足: 对任意 $x,y,z\in V$, $\lambda,\mu\in\mathbb{R}$,

- 线性性: $\langle\lambda x+\mu y,z\rangle=\lambda\langle x,z\rangle+\mu\langle y,z\rangle$;
- 对称性: $\langle x,y\rangle=\langle y,x\rangle$;
- 正定性: $\langle x,x\rangle\geqslant 0$, 且 $\langle x,x\rangle=0$ 当且仅当 $x=0$,

其上的**范数** (norm) $\|\cdot\|:V\to\mathbb{R}$ 满足: 对任意 $x,y\in V$, $\lambda\in\mathbb{R}$,

- 非负性: $\|x\|\geqslant 0$, 且 $\|x\|=0$ 当且仅当 $x=0$;
- 绝对齐次性: $\|\lambda x\|=|\lambda|\,\|x\|$;
- 三角不等式: $\|x+y\|\leqslant\|x\|+\|y\|$.

一个空间 V 中的内积和范数不一定是相容的. 特别地, Hilbert 空间是由内积 $\langle\cdot,\cdot\rangle$ 诱导的 Banach 空间, 即完备内积空间, 满足

$$\|x\|^2=\langle x,x\rangle,\quad \forall x\in V.$$

我们称有限维 Hilbert 空间为**欧氏空间** (Euclidean space), 记为 $\mathbb{E}$. 本书的讨论基本围绕特殊的欧氏空间 $\mathbb{R}^n$, 即 n 维实向量空间展开. 我们有时也将 $\mathbb{R}^n$ 简记为 $\mathbb{E}$.

$\mathbb{E}$ 中的范数与内积满足 Cauchy-Schwarz 不等式

$$|\langle x,y\rangle|\leqslant\|x\|\,\|y\|,\quad \forall x,y\in\mathbb{E}.$$

由范数可诱导 $\mathbb{E}$ 中任意两点之间的距离

$$\mathrm{dist}(x,y):=\|x-y\|,\quad \forall x,y\in\mathbb{E}.$$

球心在 $x \in \mathbb{E}$, 半径为 $\varepsilon > 0$ 的开球 $B_\varepsilon(x)$ 定义为

$$B_\varepsilon(x) := \{y \in \mathbb{E} \mid \mathrm{dist}(x, y) < \varepsilon\}.$$

特别地, 我们记原点处的单位球为 $B := B_1(0)$. 给定多个 Hilbert 空间 $\mathbb{E}_i$ $(i = 1, \cdots, m)$, 我们可以定义它们的**笛卡儿积** (Cartesian product)

$$\mathbb{E} := \bigotimes_{i=1}^{m} \mathbb{E}_i := \{(x_1, \cdots, x_m) \mid x_i \in \mathbb{E}_i,\ i = 1, \cdots, m\}.$$

对任一 $i \in \{1, \cdots, m\}$, 若记 $\mathbb{E}_i$ 中的内积为 $\langle \cdot, \cdot \rangle_{\mathbb{E}_i}$, 那么 $\mathbb{E}$ 在如下内积定义下仍是 Hilbert 空间:

$$\langle (x_1, \cdots, x_m), (y_1, \cdots, y_m) \rangle_{\mathbb{E}} := \sum_{i=1}^{m} \langle x_i, y_i \rangle_{\mathbb{E}_i}, \quad \forall\, (x_1, \cdots, x_m), (y_1, \cdots, y_m) \in \mathbb{E}.$$

下面考虑空间上的映射. 一般地, 我们可以定义从 $\mathbb{E}_1$ 到 $\mathbb{E}_2$ 的幂集 (记为 $2^{\mathbb{E}_2}$) 的**集值映射** (set-valued mapping) $S : \mathbb{E}_1 \to 2^{\mathbb{E}_2}$, 也记为 $\mathbb{E}_1 \overset{S}{\rightrightarrows} \mathbb{E}_2$. 我们分别称集值映射 S 为闭、紧或凸的集值映射, 若对任意 $x \in \mathbb{E}_1$, $S(x)$ 相应地是 $\mathbb{E}_2$ 中的闭、紧或凸集. 特别地, $\mathbb{E}_1$ 到 $\mathbb{E}_2$ 的**线性算子** (linear operator) L 满足

- 齐次性: $L(\lambda x) = \lambda L(x),\ \ \forall x \in \mathbb{E}_1,\ \ \lambda \in \mathbb{R}$;
- 可加性: $L(x + y) = L(x) + L(y),\ \ \forall x, y \in \mathbb{E}_1$.

我们记 $\mathbb{E}_1$ 到 $\mathbb{E}_2$ 的全体线性算子构成的集合为

$$\mathcal{L}(\mathbb{E}_1, \mathbb{E}_2) := \{L \mid L : \mathbb{E}_1 \to \mathbb{E}_2,\ L \text{ 是线性算子}\}.$$

若 $\mathbb{E}_1 = \mathbb{R}^n, \mathbb{E}_2 = \mathbb{R}^m$, 则 $\mathcal{L}(\mathbb{E}_1, \mathbb{E}_2)$ 与实矩阵空间 $\mathbb{R}^{m \times n}$ 同构. 给定线性算子 $L \in \mathcal{L}(\mathbb{E}_1, \mathbb{E}_2)$, 利用内积可定义其**伴随算子** (adjoint operator) $\mathrm{adj}(L) \in \mathcal{L}(\mathbb{E}_2, \mathbb{E}_1)$:

$$\langle L(x), y \rangle_{\mathbb{E}_2} = \langle x, \mathrm{adj}(L)(y) \rangle_{\mathbb{E}_1}, \quad \forall x \in \mathbb{E}_1, \quad \forall y \in \mathbb{E}_2.$$

若 $\mathbb{E}_1 = \mathbb{E}_2$ 且 $L = \mathrm{adj}(L)$, 则称 L 是**自伴随的** (self-adjoint).

任意一个线性算子 $L \in \mathcal{L}(\mathbb{E}_1, \mathbb{E}_2)$ 可以诱导两个子空间:

像空间 (image)　$\mathrm{im}(L) := \{L(x) \in \mathbb{E}_2 \mid x \in \mathbb{E}_1\}$,

核空间 (kernel)　$\ker(L) := \{x \in \mathbb{E}_1 \mid L(x) = 0\}$.

而对于 $\mathbb{E}$ 中的任一非空集合 S, 我们都可以定义其正交补

$$S^{\perp} := \{x \in \mathbb{E} \mid \langle s, x\rangle = 0,\ \forall s \in S\}.$$

对于一个给定线性算子 $L \in \mathcal{L}(\mathbb{E}_1, \mathbb{E}_2)$, L 与 $\mathrm{adj}(L)$ 各自的像空间与核空间存在下面的关系.

定理 1.1 设 $L \in \mathcal{L}(\mathbb{E}_1, \mathbb{E}_2)$. 则以下结论成立:

(1) $\ker(L) = (\mathrm{im}(\mathrm{adj}(L)))^{\perp}$, $(\ker(L))^{\perp} = \mathrm{im}(\mathrm{adj}(L))$;

(2) $\ker(\mathrm{adj}(L)) = (\mathrm{im}(L))^{\perp}$, $(\ker(\mathrm{adj}(L)))^{\perp} = \mathrm{im}(L)$.

证明 我们只给出 $\ker(L) = (\mathrm{im}(\mathrm{adj}(L)))^{\perp}$ 的证明. 其余关系的证明留给读者. 一方面, 对任意 $x \in \ker(L)$, 有 $L(x) = 0$. 对任意 $s \in \mathrm{im}(\mathrm{adj}(L))$, 存在 $y \in \mathbb{E}_2$ 使得 $\mathrm{adj}(L)(y) = s$ 且

$$\langle x, s\rangle = \langle x, \mathrm{adj}(L)(y)\rangle = \langle L(x), y\rangle = 0.$$

由 s 的任意性, 有 $x \in (\mathrm{im}(\mathrm{adj}(L)))^{\perp}$, 即 $\ker(L) \subseteq (\mathrm{im}(\mathrm{adj}(L)))^{\perp}$.

另一方面, 对任意 $x \in (\mathrm{im}(\mathrm{adj}(L)))^{\perp}$, 取 $y = L(x) \in \mathbb{E}_2$, 则 $\mathrm{adj}(L)(y) \in \mathrm{im}(\mathrm{adj}(L))$ 且

$$0 = \langle x, \mathrm{adj}(L)(y)\rangle = \langle L(x), y\rangle = \|L(x)\|^2.$$

于是 $L(x) = 0$ 即 $x \in \ker(L)$, 也即 $(\mathrm{im}(\mathrm{adj}(L)))^{\perp} \subseteq \ker(L)$. 综上所述, $\ker(L) = (\mathrm{im}(\mathrm{adj}(L)))^{\perp}$. □

$\mathbb{E}$ 中的集合可以定义 Minkowski 和与数乘: 对任意 $A, B \subseteq \mathbb{E}$, $\Lambda \subseteq \mathbb{R}$,

$$\text{Minkowski 和}:\quad A + B := \{a + b \mid a \in A,\ b \in B\};$$

$$\text{Minkowski 数乘}:\quad \Lambda \cdot A := \{\lambda a \mid a \in A,\ \lambda \in \Lambda\}.$$

特别地, 若 $B = \{b\}$, 则简记 $A+B$ 为 $A+b$; 若 $A = \varnothing$ 或 $B = \varnothing$, 则 $A+B = \varnothing$.

1.1.1 欧氏矩阵空间

本节考虑欧氏空间 $\mathbb{R}^n$ 和 $\mathbb{R}^{n\times m}$, 其上内积分别为

$$\langle x, y\rangle := x^{\mathrm{T}} y = \sum_{i=1}^{n} x_i y_i,\quad \forall x = (x_i)_i,\ y = (y_i)_i \in \mathbb{R}^n,$$

$$\langle A, B\rangle := \mathrm{tr}\,(A^{\mathrm{T}} B) = \sum_{i=1}^{m}\sum_{j=1}^{n} A_{ij} B_{ij},\quad \forall A = (A_{ij})_{ij},\ B = (B_{ij})_{ij} \in \mathbb{R}^{n\times m}.$$

由这样的内积诱导的范数分别是 $\mathbb{R}^n$ 中的 2-范数 $\|\cdot\|_2$ 和 $\mathbb{R}^{n\times m}$ 中的 Frobenius 范数 $\|\cdot\|_{\mathrm{F}}$.

当 $m=n$ 时, $\mathbb{R}^{n\times n}$ 为实方阵空间, 其中两个特殊集合为

- 正交矩阵 (orthogonal matrix) 集合: $O(n):=\{A\in\mathbb{R}^{n\times n}\mid A^{\mathrm{T}}A=I\}$;
- 对称矩阵 (symmetric matrix) 空间: $\mathbb{S}^n:=\{A\in\mathbb{R}^{n\times n}\mid A^{\mathrm{T}}=A\}$.

定理 1.2 (谱分解定理) 设 $A\in\mathbb{S}^n$. 则存在 $U\in O(n)$ 与 $\lambda_1,\cdots,\lambda_n\in\mathbb{R}$, 使得

$$A=U^{\mathrm{T}}\mathrm{Diag}(\lambda_1,\cdots,\lambda_n)U.$$

基于定理1.2, 可进一步定义 $\mathbb{S}^n$ 的子集:

- 半正定矩阵集合: $\mathbb{S}^n_+:=\{A\in\mathbb{S}^n\mid x^{\mathrm{T}}Ax\geqslant 0,\ \forall x\in\mathbb{R}^n\}$;
- 正定矩阵集合: $\mathbb{S}^n_{++}:=\{A\in\mathbb{S}^n\mid x^{\mathrm{T}}Ax>0,\ \forall x\in\mathbb{R}^n\setminus\{0\}\}$;
- 半负定矩阵集合: $\mathbb{S}^n_-:=\{A\in\mathbb{S}^n\mid x^{\mathrm{T}}Ax\leqslant 0,\ \forall x\in\mathbb{R}^n\}$;
- 负定矩阵集合: $\mathbb{S}^n_{--}:=\{A\in\mathbb{S}^n\mid x^{\mathrm{T}}Ax<0,\ \forall x\in\mathbb{R}^n\setminus\{0\}\}$.

它们可用 Minkowski 和与数乘联系起来:

$$\mathbb{S}^n_-=\{0\}+(-1)\cdot\mathbb{S}^n_+=-\mathbb{S}^n_+,\quad \mathbb{S}^n_{--}=\{0\}+(-1)\cdot\mathbb{S}^n_{++}=-\mathbb{S}^n_{++}.$$

为方便起见, 我们定义如下记号:

$$A\succeq B\Leftrightarrow A-B\in\mathbb{S}^n_+,\qquad A\succ B\Leftrightarrow A-B\in\mathbb{S}^n_{++},$$

$$A\succeq 0\Leftrightarrow A\in\mathbb{S}^n_+,\qquad A\succ 0\Leftrightarrow A\in\mathbb{S}^n_{++}.$$

1.1.2 欧氏空间中的导数

定义 1.3 (Fréchet 可导) 设开集 $\Omega\subseteq\mathbb{E}_1$, $f:\Omega\to\mathbb{E}_2$. 我们称 f 在 $x\in\Omega$ 处 **Fréchet 可导** (Fréchet differentiable), 如果存在 $L_x\in\mathcal{L}(\mathbb{E}_1,\mathbb{E}_2)$ 使得

$$f(x+h)=f(x)+L_x(h)+o(\|h\|),$$

也即

$$\lim_{h\to 0}\frac{f(x+h)-f(x)-L_x(h)}{\|h\|}=0.$$

我们称 L_x 为 f 在 x 处的**导数** (derivative), 记为 $f'(x)$. 称 f 在 Ω 上可导, 若 f 在任意 $x\in\Omega$ 处可导. 若 $\Omega=\mathbb{E}_1$, 则称 f 可导或**光滑** (smooth).

从定义可知, $f'(x)$ 是唯一的, 并且 $f'(x)\in\mathcal{L}(\mathbb{E}_1,\mathbb{E}_2)$ 被下面的极限唯一确定.

$$f'(x)(h)=\lim_{t\to 0}\frac{f(x+th)-f(x)}{t},\quad \forall h\in\mathbb{E}_1.$$

特别地, 若 $f:\Omega\subseteq\mathbb{E}\to\mathbb{R}$, f 在 $x\in\Omega$ 处可导, 则存在唯一 $\nabla f(x)\in\mathbb{E}$, 使得[①]

$$f'(x)(h)=\langle\nabla f(x),h\rangle,\quad \forall h\in\mathbb{E}.$$

我们称 $\nabla f(x)$ 为 f 在 x 处的**梯度** (gradient). 如果导数映射 $f':\Omega\to\mathcal{L}(\mathbb{E}_1,\mathbb{E}_2)$ 是连续的, 我们就称 f 在 Ω 上**连续可导** (continuously differentiable).

下面进一步考虑函数的二阶可导. 如果 $f:\Omega\subseteq\mathbb{E}\to\mathbb{R}$ 在开集合 Ω 上可导, 并且导数映射 $f':\Omega\to\mathcal{L}(\mathbb{E},\mathbb{R})$ 在 Ω 上也可导, 我们就有一个新的线性算子

$$f'':x\in\Omega\subseteq\mathbb{E}\mapsto(f')'(x)\in\mathcal{L}(\mathbb{E},\mathcal{L}(\mathbb{E},\mathbb{R})).$$

我们称 f 在 x 处**二阶可导** (twice differentiable), 并且称 $f''(x)$ 是 f 在 x 处的**二阶导数** (second-order derivative). $\mathcal{L}(\mathbb{E},\mathcal{L}(\mathbb{E},\mathbb{R}))$ 和 $\mathcal{L}^2(\mathbb{E}):=\{\beta:\mathbb{E}\otimes\mathbb{E}\to\mathbb{R}\mid \beta\text{ 是双线性的}\}$ 是同构的. 利用内积, 我们可以将双线性形式 $f''(x)$ 表示成一个线性映射 $\nabla^2 f(x)\in\mathcal{L}(\mathbb{E},\mathbb{E})$:

$$f''(x)[h,d]=\left\langle\nabla^2 f(x)(h),d\right\rangle,\quad \forall h,d\in\mathbb{E}.$$

我们称 $\nabla^2 f(x)$ 为 f 在 x 处的 **Hessian 矩阵**. 另外, 可以验证 $\nabla^2 f(x)$ 是自伴随的. 由 Taylor 展开, 若 $f:\Omega\to\mathbb{R}$ 在 $x\in\Omega$ 处二阶可导, 则其在 x 附近有如下二阶近似:

$$f(x+h)=f(x)+\langle\nabla f(x),h\rangle+\frac{1}{2}\left\langle\nabla^2 f(x)(h),h\right\rangle+o(\|h\|^2).$$

例 1.4 (二次函数的梯度与 Hessian 矩阵) 设 $L\in\mathcal{L}(\mathbb{E},\mathbb{E})$, $b\in\mathbb{E}$, $r\in\mathbb{R}$. 定义 $q:\mathbb{E}\to\mathbb{R}$ 为

$$q(x):=\frac{1}{2}\langle L(x),x\rangle+\langle b,x\rangle+r,\quad \forall x\in\mathbb{E}.$$

则对任意 $x\in\mathbb{E}$,

$$\nabla q(x)=\frac{1}{2}(L+\mathrm{adj}(L))(x)+b,\quad \nabla^2 q(x)=\frac{1}{2}(L+\mathrm{adj}(L)).$$

证明 直接计算即可得证:

$$q(x+h)-q(x)=\frac{1}{2}\langle L(x+h),x+h\rangle+\langle b,x+h\rangle-\frac{1}{2}\langle L(x),x\rangle-\langle b,x\rangle$$

① 此为 Riesz 表示定理.

$$
\begin{aligned}
&= \frac{1}{2}\langle L(x), h\rangle + \frac{1}{2}\langle L(h), h\rangle + \frac{1}{2}\langle L(h), x\rangle + \langle b, h\rangle \\
&= \frac{1}{2}\langle (L + \operatorname{adj}(L))(x), h\rangle + \langle b, h\rangle + \frac{1}{4}\langle L(h), h\rangle + \frac{1}{4}\langle \operatorname{adj}(L)(h), h\rangle \\
&= \left\langle \frac{1}{2}(L + \operatorname{adj}(L))(x) + b, h \right\rangle + \frac{1}{2}\left\langle \frac{1}{2}(L + \operatorname{adj}(L))(h), h \right\rangle. \qquad \square
\end{aligned}
$$

例 1.5 (对数-行列式函数 (log-determinant function, log-det) 的梯度)　定义 $f : \mathbb{S}^n_{++} \to \mathbb{R}$ 为 $f(X) := \log(\det(X))$, 则 $\nabla f(x) = X^{-1}$.

证明　先证 $\nabla f(I) = I$. 考虑充分小的扰动 $\Delta \in \mathbb{S}^n$, 使得 $I + \Delta \succ 0$. 记 $\{\lambda_i\}_{i=1}^n$ 是 Δ 的特征值, 因此 $\det(I + \Delta) = \prod_{i=1}^n (\lambda_i + 1)$. 于是

$$
\begin{aligned}
&f(I + \Delta) - f(I) - \langle I, \Delta\rangle \\
&= \log\left(\prod_{i=1}^n (\lambda_i + 1)\right) - \operatorname{tr}(\Delta) = \sum_{i=1}^n [\log(\lambda_i + 1) - \lambda_i] \\
&= o(\operatorname{tr}(\Delta)) = o\left(\sqrt{\operatorname{tr}(\Delta^{\mathrm{T}}\Delta)}\right) = o(\|\Delta\|).
\end{aligned}
$$

再证一般情形. 设 $X \succ 0$. 考虑充分小的扰动 $\Delta \in \mathbb{S}^n$, 使得 $X + \Delta \succ 0$. 于是可以得到

$$
\begin{aligned}
&f(X + \Delta) - f(X) - \langle X^{-1}, \Delta\rangle \\
&= \log\left(\det\left(X^{\frac{1}{2}}(I + X^{-\frac{1}{2}}\Delta X^{-\frac{1}{2}})X^{\frac{1}{2}}\right)\right) - \log(\det(X)) - \operatorname{tr}(X^{-1}\Delta) \\
&= \log\left(\det\left(I + X^{-\frac{1}{2}}\Delta X^{-\frac{1}{2}}\right)\right) - \operatorname{tr}(X^{-\frac{1}{2}}\Delta X^{-\frac{1}{2}}) \\
&= o\left(\operatorname{tr}\left(X^{-\frac{1}{2}}\Delta X^{-\frac{1}{2}}\right)\right) \\
&= o(\|\Delta\|). \qquad \square
\end{aligned}
$$

1.2　拓展实值函数

为了方便以后分析凸函数和凸优化问题, 我们引入拓展实值函数及其相关概念. 基于此, 我们将给出优化问题解存在性的初步分析.

首先介绍本节中要用到的拓扑概念. 我们称一个集合 $\Omega \subseteq \mathbb{E}$ 是

• 开集, 若 $\Omega = \{x \mid \exists \varepsilon > 0,\ \text{s.t. } B_\varepsilon(x) \subseteq \Omega\}$. 若 Ω 本身不是开集, 则如此定义的集合为 Ω 的内部 $\operatorname{int}(\Omega)$, 即 Ω 所包含的最大开集.

• 闭集, 若 $\Omega = \{x \mid \exists\{x^k\} \subseteq \Omega,\ \text{s.t. } x = \lim_{k\to\infty} x^k\}$. 若 Ω 本身不是闭集, 则如此定义的集合为 Ω 的闭包 $\mathrm{cl}(\Omega)$, 即包含 Ω 的最小闭集.

特别地, 任给一 $\Omega \subseteq \mathbb{E}$, 其边界定义为其闭包对内部的余集:

$$\mathrm{bd}(\Omega) := \mathrm{cl}(\Omega) \setminus \mathrm{int}(\Omega).$$

1.2.1 拓展的算术运算与拓展实值函数

为了分析的需要, 我们拓展原本熟悉的实数轴 $\mathbb{R}$ 为 $\overline{\mathbb{R}} := \mathbb{R} \cup \{+\infty, -\infty\} = [-\infty, +\infty]$[①]. 相应地, 拓展实数运算如下: 对任意 $\alpha \in \mathbb{R}$,

$$\alpha + \infty = +\infty = \infty + \alpha, \qquad \alpha - \infty = -\infty = -\infty + \alpha,$$
$$\alpha \cdot \infty = \mathrm{sign}(\alpha)\infty = \infty \cdot \alpha, \qquad \alpha \cdot (-\infty) = -\mathrm{sign}(\alpha)\infty = -\infty \cdot \alpha^{②},$$

并规定 $0 \cdot \infty = 0$, $\infty - \infty = -\infty + \infty = \infty$. 在研究极小化问题时, 我们经常只使用拓展实数轴的一部分 $(-\infty, +\infty]$.

相应地, 我们扩展**上确界** (supremum) 和**下确界** (infimum) 的概念. 对于所有 $S \subseteq \mathbb{R}$, 其上下确界的定义与原来相同. 我们额外规定 $\inf \varnothing = +\infty$, $\sup \varnothing = -\infty$. 这一规定是合理的: 对任一非空集合 $E \subseteq \mathbb{R}$,

$$\inf[(E \cup \varnothing)] = \inf E = \min\{\inf E, \inf \varnothing\};$$

同时, 对任一集合 $S \subseteq \mathbb{R}$, $\inf(-S) = -\sup S$.

对于拓展实值函数 $f : \mathbb{E} \to [-\infty, +\infty]$, 我们介绍如下几个相关的概念.

定义 1.6 (拓展实值函数的定义域、适定性、上图和水平集) 设 $f : \mathbb{E} \to [-\infty, +\infty]$. 它的

• 定义域 (domain): $\mathrm{dom}(f) := \{x \mid f(x) < +\infty\}$.

• 适定性 (properness): 我们称 f 是适定的, 如果 $\mathrm{dom}(f) \neq \varnothing$ 且对任意 $x \in \mathbb{E}$, 有 $f(x) > -\infty$.

• 上图 (epigraph): $\mathrm{epi}(f) := \{(x, \alpha) \in \mathbb{E} \times \mathbb{R} \mid f(x) \leqslant \alpha\}$.

• 水平集 (level set): 对任意 $\alpha \in \mathbb{R}$, $\mathrm{lev}_{\leqslant\alpha}(f) := \{x \in \mathbb{E} \mid f(x) \leqslant \alpha\}$. 称 f 水平集有界 (level set bounded), 如果对任意 $\alpha \in \mathbb{R}$, $\mathrm{lev}_{\leqslant\alpha}(f)$ 有界.

例 1.7 (集合的指示函数 (indicator function)) 设 $S \subseteq \mathbb{E}$. 定义 $\delta_S : \mathbb{E} \to \overline{\mathbb{R}}$ 为

$$\delta_S(x) = \begin{cases} 0, & \text{如果 } x \in S, \\ +\infty, & \text{否则}. \end{cases}$$

① 与在复分析中不同, 这里我们将 $+\infty, -\infty$ 区分开来.

② 规定 $\mathrm{sign}(\alpha) = 1/-1/0$, 若 $\alpha > 0/<0/=0$.

从指示函数的定义可知 $\mathrm{dom}(\delta_S) = S$, δ_S 适定当且仅当 $S \neq \varnothing$, $\mathrm{epi}(\delta_S) = S \times [0, +\infty)$,

$$\mathrm{lev}_{\leqslant \alpha}(\delta_S) = \begin{cases} S, & \alpha \geqslant 0, \\ \varnothing, & \alpha < 0. \end{cases}$$

δ_S 水平集有界的充要条件就是 S 有界.

1.2.2 函数的下半连续性

函数的下半连续性在分析极小化问题解的存在性时具有重要作用. 我们首先回顾函数上下极限的概念: 给定 $f : \mathbb{E} \to \overline{\mathbb{R}}$, $\overline{x} \in \mathbb{E}$, f 在 $\overline{x}$ 处的上下极限分别是

$$\limsup_{x \to \overline{x}} f(x) := \sup\{\alpha \in \overline{\mathbb{R}} \mid \exists \{x_k\} \to \overline{x},\ \text{s.t.}\ f(x_k) \to \alpha\},$$
$$\liminf_{x \to \overline{x}} f(x) := \inf\{\alpha \in \overline{\mathbb{R}} \mid \exists \{x_k\} \to \overline{x},\ \text{s.t.}\ f(x_k) \to \alpha\}.$$

注意函数上下极限与函数极限的区别: 函数极限要求的是在一点去心邻域的函数值极限, 而函数上下极限则不要求去心. 因此必然有

$$\limsup_{x \to \overline{x}} f(x) \geqslant f(\overline{x}), \quad \liminf_{x \to \overline{x}} f(x) \leqslant f(\overline{x}).$$

下面, 我们定义函数的上半连续性与下半连续性.

定义 1.8 (函数的上半连续性 (upper semi-continuity) 与下半连续性 (lower semi-continuity)) 设 $f : \mathbb{E} \to \overline{\mathbb{R}}$, $\overline{x} \in \mathbb{E}$. 称 f 在 $\overline{x}$ 处

- 上半连续, 若 $\limsup_{x \to \overline{x}} f(x) \leqslant f(\overline{x})$;
- 下半连续, 若 $\liminf_{x \to \overline{x}} f(x) \geqslant f(\overline{x})$.

结合之前的说明, 我们也可以等价地将 f 在 $\overline{x}$ 处上半连续或下半连续写成

$$\limsup_{x \to \overline{x}} f(x) = f(\overline{x}) \text{ 或 } \liminf_{x \to \overline{x}} f(x) = f(\overline{x}).$$

基于上述内容, 不难得到 f 在一点处连续的充要条件.

命题 1.9 f 在 $\overline{x}$ 处连续当且仅当 f 在 $\overline{x}$ 处既上半连续也下半连续.

例 1.10 (负对数-行列式函数) 考虑下述函数 $f : \mathbb{S}^n \to \overline{\mathbb{R}}$

$$f(X) := \begin{cases} -\log(\det(X)), & \text{如果} X \succ 0, \\ +\infty, & \text{否则}, \end{cases}$$

则 f 是适定且连续的.

证明 f 适定是显然的, 这是因为 $\mathrm{dom}(f) = \mathbb{S}^n_{++} \neq \varnothing$. 下面我们证明 f 的连续性. 不难看出, 在 $\mathrm{dom}(f)$ 中除了 $\mathrm{bd}(\mathrm{dom}(f))$ 外, f 的连续性都显然. 因此我们只需说明 f 在 $\mathrm{bd}(\mathrm{dom}(f))$ 连续. 我们知道 $\mathbb{S}^n_{++}$ 在 $\mathbb{S}^n$ 中的边界为 $\{X \in \mathbb{S}^n \mid X \succeq 0,\ \det(X) = 0\}$. 令序列 $\{X_k \in \mathbb{S}^n_{++}\} \to \overline{X} \in \mathrm{bd}(\mathrm{dom}(f))$. 根据 det 和 log 的连续性, 我们有

$$\lim_{k\to\infty} f(X_k) = \lim_{k\to\infty} -\log(\det(X_k)) = +\infty = f(\overline{X}).$$

因此 f 在边界上也是连续的. □

定义 1.11 (函数的下半连续包 (lower-semi-continuous hull)) 设 $f : \mathbb{E} \to \overline{\mathbb{R}}$. 定义 f 的下半连续包 $\mathrm{cl}(f)$ 为

$$(\mathrm{cl}(f))(\overline{x}) := \liminf_{x\to\overline{x}} f(x), \quad \forall \overline{x} \in \mathbb{E}.$$

注释 1.12 由上面的定义, 我们恒有 $\mathrm{cl}(f) \leqslant f$.

命题 1.13 (下半连续性的等价刻画) 设 $f : \mathbb{E} \to [-\infty, +\infty]$. 则下述命题等价:

(1) f 在 $\mathbb{E}$ 上是下半连续的;

(2) $\mathrm{epi}(f)$ 是闭的;

(3) $\mathrm{lev}_{\leqslant\alpha}(f)$ 对任意 $\alpha \in \mathbb{R}$ 是闭的①.

证明 (1) $\Rightarrow$ (2): 对 $\mathrm{epi}(f)$ 中的任一序列 $\{(x_k, \alpha_k)\} \to (x, \alpha) \in \mathbb{E} \times \mathbb{R}$, 有

$$f(x) \leqslant \liminf_{x_k\to x} f(x_k) \leqslant \lim_{\alpha_k\to\alpha} \alpha_k = \alpha,$$

即 $(x, \alpha) \in \mathrm{epi}(f)$. 故 $\mathrm{epi}(f)$ 闭.

(2) $\Rightarrow$ (3): 对任意 $\alpha \in \mathbb{R}$ 及 $\mathrm{lev}_{\leqslant\alpha}(f)$ 中的任一序列 $\{x_k\} \to x$, 有

$$(x_k, \alpha) \to (x, \alpha) \Rightarrow (x, \alpha) \in \mathrm{epi}(f) \Rightarrow f(x) \leqslant \alpha \Rightarrow x \in \mathrm{lev}_{\leqslant\alpha}(f),$$

即 $\mathrm{lev}_{\leqslant\alpha}(f)$ 闭.

(3) $\Rightarrow$ (1): 假设 f 不是下半连续的, 则存在 $\{x_k\} \to x$ 使得 $f(x_k) \to \alpha < f(x)$. 于是存在 $\gamma \in (\alpha, f(x))$, $K > 0$, 对任意 $k > K$, $f(x_k) < \gamma < f(x)$, 即 $\{x_k\}_{k\geqslant K} \subseteq \mathrm{lev}_{\leqslant\gamma}(f)$ 但 $x \notin \mathrm{lev}_{\leqslant\gamma}(f)$. 这与 $\mathrm{lev}_{\leqslant\gamma}(f)$ 的闭性矛盾. 故 f 是下半连续的. □

推论 1.14 (指示函数的下半连续性) 设 $C \subseteq \mathbb{E}$. 则 δ_C 是适定且下半连续的当且仅当 C 非空且闭.

① 有些文献称满足这一条的函数是闭函数. 因此命题 1.13告诉我们, 下半连续函数就是闭函数.

1.2.3 优化问题及其解的存在性

本小节, 我们将基于之前介绍的拓展实值函数及其相关概念, 初步分析优化问题解的存在性. 常见的优化问题为极小化与极大化问题. 设 $f:\mathbb{E}\to\overline{\mathbb{R}}$, $C\subseteq\mathbb{E}$,

$$\begin{aligned}&\text{极小化问题：}\quad \inf_C f=\inf_{x\in C} f(x):=\inf\{f(x)\mid x\in C\};\\&\text{极大化问题：}\quad \sup_C f=\sup_{x\in C} f(x):=\sup\{f(x)\mid x\in C\}.\end{aligned}$$

在相差一个负号的意义下, 极小化与极大化可以互换. 因此不失一般性, 后面只讨论极小化问题①. 我们称 C 为约束集合. 当 $C=\mathbb{E}$ 时, 上述优化问题是**无约束优化问题** (unconstrained optimization problem); 当 $C\neq\mathbb{E}$ 时, 上述优化问题是**约束优化问题** (constrained optimization problem). 利用指示函数, 约束优化问题可以写作无约束优化问题:

$$\inf_C f=\inf_{\mathbb{E}} f+\delta_C.$$

上面定义极小 (大) 化问题时, 我们用的是下 (上) 确界. 言下之意, 最优值不一定真正能在 C 中某个点取到. 但若可以取到, 我们就有

$$\begin{aligned}&\text{极小值点：}\quad \arg\min_C f=\arg\min_{x\in C} f(x):=\left\{x\in C\mid f(x)=\inf_C f\right\};\\&\text{极大值点：}\quad \arg\max_C f=\arg\max_{x\in C} f(x):=\left\{x\in C\mid f(x)=\sup_C f\right\}.\end{aligned}$$

如果 $f:\mathbb{E}\to\overline{\mathbb{R}}$ 是适定的, 则 $\arg\min_{\mathbb{E}} f\neq\varnothing$ 表明 $\inf_{\mathbb{E}} f\in\mathbb{R}$.

下面的定理 1.15 给出了极小化问题极小值点存在的一个充分条件.

定理 1.15 (极小值存在定理) 设 $f:\mathbb{E}\to\overline{\mathbb{R}}$ 是适定、下半连续, 且水平集有界的函数, 则 $\arg\min_{\mathbb{E}} f\neq\varnothing$ 并且 $\inf_{\mathbb{E}} f\in\mathbb{R}$.

证明 记 $f^*=\inf_{\mathbb{E}} f$, 则存在 $\{x_k\}\subseteq\mathbb{E}$ 使得 $f(x_k)\to f^*$. 于是无论 f^* 是否是 ∞, 都存在足够大的 $K>0$, 使得对任意 $k>K$, 有 $x_k\in \mathrm{lev}_{\leqslant\min\{f^*+1,1\}}(f)$ 成立. 由命题 1.13, $\mathrm{lev}_{\leqslant\min\{f^*+1,1\}}(f)$ 是闭集, 由假设它又是有界集. 因此水平集 $\mathrm{lev}_{\leqslant\min\{f^*+1,1\}}(f)$ 是紧集. 根据 Bolzano-Weierstrass 定理, 存在 $\{x_{k_j}\}_j\to\overline{x}\in \mathrm{lev}_{\leqslant\min\{f^*+1,1\}}(f)$, 使得

$$f(\overline{x})\leqslant\liminf_{x\to\overline{x}} f(x)\leqslant\lim_{j\to\infty} f(x_{k_j})=f^*\leqslant f(\overline{x}).$$

因此 $f^*=f(\overline{x})$, 即 $\overline{x}\in\arg\min_{\mathbb{E}} f$. □

---

① 我们在讨论极小化问题时, 经常只用拓展实数轴的一半 $\mathbb{R}\cup\{+\infty\}=(-\infty,+\infty]$, 只考虑适定的拓展实值函数. 因此如不加说明, 后面的 $\overline{\mathbb{R}}=\mathbb{R}\cup\{+\infty\}$.

注释 1.16

• 将定理1.15中的下半连续、inf 和 arg min 分别改成上半连续、sup 和 arg max, 结论仍然成立.

• 利用指示函数, 定理1.15的结论可自然推广到约束极小化问题 $\inf_C f$ 上. 事实上我们可将其写成 $\inf_{\mathbb{E}} f+\delta_C$. 因此只要 $f+\delta_C$ 是适定、下半连续且水平集有界的, 极小值就存在且就在 C 中. 我们可以给出一个满足这些假设的充分条件: f 下半连续, C 为紧集, C 与 $\mathrm{dom}(f)$ 的交非空. 在后面的章节中, 我们还将介绍更加宽泛的条件.

本节最后, 我们来辨析一些描述优化问题的常用英文名词, 并给出相应的中文解释 (见表1.1). 注意在碰到 minimizer/maximizer 时, 需要根据语境判断当前所指是局部的还是全局的.

表 1.1 优化名词术语与中文解释

名词术语	中文解释
minimize (min)/maximize (max)	极小化/极大化
minimization/maximization	极小化问题/极大化问题
minimizer/maximizer	极小值点/极大值点
minimizers/maximizers	极小值点/极大值点 (复数, 用于非凸优化)
minimum/maximum	(全局) 极小值/极大值
minima/maxima	(局部) 极小值/极大值

1.3 包 算 子

本节介绍包算子. 它涵盖了诸多集合上的重要运算, 例如常用的闭包运算 cl、张成空间运算 span. 我们可以在包算子的框架下研究它们, 也可以分别讨论它们各自的性质. 之后, 我们还将引入一些新的包算子.

定义 1.17 (包算子 (hull operator)) 设集合 $X\neq\varnothing$. 我们称映射 $\mathrm{hull}: 2^X\to 2^X$ 为包算子, 如果它满足

• 扩展性 (extensivity): 对任意集合 $A\subseteq X$, $A\subseteq \mathrm{hull}(A)$;

• 单调性 (monotonicity): 对任意集合 $A,B\subseteq X$, 若 $A\subseteq B$, 则 $\mathrm{hull}(A)\subseteq \mathrm{hull}(B)$;

• 幂等性 (idempotency): 对任意集合 $A\subseteq X$, $\mathrm{hull}(\mathrm{hull}(A))=\mathrm{hull}(A)$.

下面的命题1.18给出了包算子的一种构造方式, 同时也为我们判断一个集合算子是否是包算子提供了工具.

命题 1.18 设 $X\neq\varnothing$, $\mathcal{S}\subseteq 2^X$ 满足

(1) $X\in\mathcal{S}$;

(2) 对任意非空 $\mathcal{A} \subseteq \mathcal{S}$, $\bigcap_{A\in\mathcal{A}} A \in \mathcal{S}$, 即 $\mathcal{S}$ 对交运算封闭,
则称 $\mathcal{S}$ 为**包系统** (hull system), 且 $\mathcal{S}\text{-hull}: 2^X \to 2^X$,

$$\mathcal{S}\text{-hull}(M) := \bigcap_{\substack{M\subseteq U\\ U\in\mathcal{S}}} U$$

是一个包算子, 并对任意 $S \in \mathcal{S}$, 有 $\mathcal{S}\text{-hull}(S) = S$, 即 $\mathcal{S}$ 在 $\mathcal{S}$-hull 下是不变的.

证明　先验证 $\mathcal{S}$-hull 是个包算子.

- 扩展性: 对任意 $A \subseteq X \in \mathcal{S}$, $A \subseteq \bigcap_{\substack{A\subseteq U\\ U\in\mathcal{S}}} U = \mathcal{S}\text{-hull}(A)$;
- 单调性: 若 $A \subseteq B \subseteq X$, 则 $\mathcal{S}\text{-hull}(A) = \bigcap_{\substack{A\subseteq U\\ U\in\mathcal{S}}} U \subseteq \bigcap_{\substack{B\subseteq U\\ U\in\mathcal{S}}} U = \mathcal{S}\text{-hull}(B)$;
- 幂等性: 一方面, 由 $A \subseteq \mathcal{S}\text{-hull}(A)$ 有 $\mathcal{S}\text{-hull}(A) \subseteq \mathcal{S}\text{-hull}(\mathcal{S}\text{-hull}(A))$. 另一方面, 由 $\mathcal{S}\text{-hull}(A) \in \mathcal{S}$ 有

$$\mathcal{S}\text{-hull}(\mathcal{S}\text{-hull}(A)) = \bigcap_{\substack{\mathcal{S}\text{-hull}(A)\subseteq U\\ U\in\mathcal{S}}} U \subseteq \mathcal{S}\text{-hull}(A).$$

再证不变性. 由 $\mathcal{S}$-hull 的定义可得 $\mathcal{S}\text{-hull}(S) \subseteq S$, 再由 $\mathcal{S}$-hull 的扩展性可得 $S \subseteq \mathcal{S}\text{-hull}(S)$. □

例 1.19 (包算子的例子)

- 在 k 维向量空间 V 中, 张成空间运算 $\text{span}: 2^V \to 2^V$,

$$\text{span}(M) := \bigcap_{\substack{M\subseteq U\\ U\subseteq V\text{是子空间}}} U$$

是 V 的子空间的包算子, k 维向量空间中的所有子空间构成的集合是包系统. 可以验证, 这样定义的算子 span 与高等代数中所定义的 span 是一致的.

- 在拓扑向量空间 (如赋范空间) V 中, 闭包运算 $\text{cl}: 2^V \to 2^V$,

$$\text{cl}(M) := \bigcap_{\substack{M\subseteq N\\ N\subseteq V\text{是闭集}}} N$$

是包算子, 拓扑向量空间中所有的闭集合构成的集合是包系统. 可以验证, 这样定义的算子 cl 与以前我们熟知的集合的闭包运算 cl 是一致的.

命题1.18 中 $\mathcal{S}$-hull 的定义并不直观. 但例 1.19 中却给出了两种包算子的等价刻画. 给出的等价刻画越多, 就表明我们对某一概念理解得越深刻.

1.4　仿射集与仿射映射

本章最后介绍仿射集与仿射映射的概念与性质, 并介绍与仿射集紧密相关的前一节包算子的一个实例——仿射包. 同时, 仿射集还可以用来定义下一章的一个重要概念——相对内部.

定义 1.20 (仿射集 (affine set)) 称 $S \subseteq \mathbb{E}$ 是仿射集, 如果对任意 $x, y \in S$, $\lambda \in \mathbb{R}$, $\lambda x + (1-\lambda)y \in S$.

仿射集具有明显的几何直观: 过 $x, y \in S$ 两点的直线 $\mathbb{R}(y-x)+x := \{\alpha x + (1-\alpha)y \mid \alpha \in \mathbb{R}\}$ 都在 S 中. 较为平凡的仿射集有 $\varnothing$, $\mathbb{E}$, 子空间. 特别地, 利用仿射集可得如下子空间的等价刻画.

定理 1.21 (子空间的等价刻画) 仿射集 $S \subseteq \mathbb{E}$ 是子空间当且仅当 $0 \in S$.

证明 给定子空间 S, 因为其包含 0, 并且对加法和数乘封闭, 所以 S 是一个包含 0 的仿射集合.

另一方面, 假设 S 是包括 0 的仿射集合. 则对任意 $x \in S$, 有 $\lambda x = \lambda x + (1-\lambda)0 \in S$. 进一步地, 对任意 $x, y \in S$, 从

$$\frac{1}{2}(x+y) = \frac{1}{2}x + \left(1 - \frac{1}{2}\right)y \in S$$

即可推出 $x + y = 2 \times (x+y)/2 \in S$. 因此 S 是子空间. □

从几何直观上来看, 仿射集与子空间应当是差不多的几何对象. 二者的差别就在于 0 是否在仿射集中. 因此, 我们可类似地为仿射集定义 "平行""维数" 等概念.

定义 1.22 (仿射集与子空间平行) 我们称仿射集 S 平行于子空间 $U \subseteq V$, 如果存在 $x \in S$ 使得 $S = U + x$.

推论 1.23 设 $S \subseteq \mathbb{E}$ 是仿射集. 则存在唯一子空间 $U \subseteq \mathbb{E}$ 使得 S 与 U 平行, 且 $U = S - S$.

证明 存在性: 对任意 $x \in S$, 定义 $U = S - x$. 则 U 是仿射集且 $0 \in U$. 由定理 1.21 知 U 是子空间. 又由于 $U + x = S$, 我们有 S 与 U 平行. 存在性得证.

唯一性: 假设 $U, W \subseteq \mathbb{E}$, $x, y \in S$. 若 $U + x = S = W + y$, 则 $W = U + x - y$. 由 $0 \in W$ 可知 $y - x \in U$, 进而 $x - y \in U$. 因此 $W = U + x - y = U$. 唯一性得证.

最后, 容易验证与 S 平行的子空间 $U = S - S$. 事实上,

$$S - S = \bigcup_{x \in S}(S - x) = U. \qquad \square$$

推论 1.24 任何非空仿射集 $S \subseteq \mathbb{E}$ 可表示成 $x + U$, 其中 $x \in S$, $U \subseteq \mathbb{E}$ 是子空间.

定义 1.25 (仿射维数 (affine dimension)) 设 $S \subseteq \mathbb{E}$ 是仿射集, $U \subseteq \mathbb{E}$ 是子空间, S 平行于 U. 称 $\dim(U)$ 为 S 的维数, 记为 $\dim(S) = \dim(U)$.

例 1.26 (仿射超平面 (affine hyperplanes)) 设 $b \in \mathbb{E} \setminus \{0\}$, $\gamma \in \mathbb{R}$. 仿射超平面定义为

$$H_{b,\gamma} := \{v \in \mathbb{E} \mid \langle b, v\rangle = \gamma\}.$$

我们有 $\dim(H_{b,\gamma}) = \dim(\mathbb{E}) - 1$. 这是因为 $H_{b,\gamma} = H_{b,0} + v_0$, $v_0 \in \mathbb{E}$ 满足 $\langle b, v_0\rangle = \gamma$, $H_{b,0}$ 是子空间, $\dim(H_{b,0}) = \dim(\mathbb{E}) - 1$.

不是什么集合都是仿射集. 利用包算子, 我们可以得到包含一个集合的最小仿射集. 为此, 我们先证明

命题 1.27 设 $\{S_i \subseteq \mathbb{E} \mid i \in I\}$ 是一族仿射集, 则 $S := \bigcap_{i\in I} S_i$ 也是仿射集.

证明 对任意 $x, y \in S$, $\lambda \in \mathbb{R}$, 我们有 $x, y \in S_i$ (任意 $i \in I$). 由于 S_i 是仿射集合, 因此 $\lambda x + (1-\lambda)y \in S_i$, 从而 $\lambda x + (1-\lambda)y \in S$. □

定义 1.28 (仿射包 (affine hull)) 集合 $M \subseteq \mathbb{E}$ 的仿射包

$$\operatorname{aff}(M) := \bigcap_{\substack{M \subseteq S \\ S\text{是仿射集}}} S.$$

$\operatorname{aff}(M)$ 是包含 M 的最小仿射集.

由命题1.27, $\mathbb{E}$ 中的所有仿射集组成一个包系统, 再结合命题1.18, aff 是包算子. 下面将给出集合仿射包的等价刻画. 为此, 先定义仿射组合.

定义 1.29 (仿射组合 (affine combination)) 给定 $k \in \mathbb{N}$, $x_1, \cdots, x_k \in \mathbb{E}$, $\alpha_1, \cdots, \alpha_k \in \mathbb{R}$, 满足 $\sum_{i=1}^k \alpha_i = 1$. 称 $\sum_{i=1}^k \alpha_i x_i$ 为 $x_1, \cdots, x_k$ 的仿射组合.

我们将非空集 $M \subseteq \mathbb{E}$ 中元素的所有仿射组合组成的集合记为 $\mathrm{A}(M)$, 即

$$\mathrm{A}(M) := \left\{ \sum_{i=1}^r \alpha_i v_i \,\middle|\, r \in \mathbb{N},\ v_i \in M,\ \alpha_i \in \mathbb{R},\ i = 1, \cdots, r,\ \sum_{i=1}^r \alpha_i = 1 \right\}.$$

引理 1.30 设 $M \subseteq \mathbb{E}$ 非空. 则以下结论成立:

(1) $\mathrm{A}(M)$ 是仿射集;

(2) 对每个仿射集 $S \supseteq M$ 有 $\mathrm{A}(M) \subseteq S$.

证明 (1) 对任意 $x, y \in \mathrm{A}(M)$, 假设存在 $\{x_i\}_{i=1}^{r_1}$, $\{y_i\}_{i=1}^{r_2} \subseteq M$ 和 $\{\alpha_i\}_{i=1}^{r_1}$, $\{\beta_i\}_{i=1}^{r_2} \subseteq \mathbb{R}$, 使得

$$x = \sum_{i=1}^{r_1} \alpha_i x_i, \quad y = \sum_{i=1}^{r_2} \beta_i y_i, \quad \sum_{i=1}^{r_1} \alpha_i = 1, \quad \sum_{i=1}^{r_2} \beta_i = 1.$$

不失一般性, 假设 $r = r_1 = r_2$, 则对任意 $\lambda \in \mathbb{R}$, 有

$$\lambda x + (1-\lambda)y = \sum_{i=1}^r [\lambda \alpha_i x_i + (1-\lambda)\beta_i y_i].$$

记

$$v_i := x_i, \quad v_{r+i} := y_i, \quad \gamma_i := \lambda\alpha_i, \quad \gamma_{r+i} := (1-\lambda)\beta_i, \quad i = 1, \cdots, r.$$

则有 $\sum_{i=1}^{2r} \gamma_i = 1$ 且 $\lambda x + (1-\lambda)y = \sum_{i=1}^{2r} \gamma_i v_i \in \mathrm{A}(M)$. 因此 $\mathrm{A}(M)$ 是仿射集得证.

(2) 任取 $x \in \mathrm{A}(M)$, 则存在 $\{x_i\}_{i=1}^r \subseteq M$, $\{\alpha_i\}_{i=1}^r \subseteq \mathbb{R}$ 使得 $x = \sum_{i=1}^r \alpha_i x_i$, $\sum_{i=1}^r \alpha_i = 1$. 由 $S \supseteq M$ 是仿射集, 存在唯一子空间 U 使得 $S = y + U$, $y \in S$. 于是存在 $u_i \in U$, $x_i = y + u_i$ 且

$$x = \sum_{i=1}^r \alpha_i(y + u_i) = y + \sum_{i=1}^r \alpha_i u_i \in y + U = S.$$

由 x 的任意性, 即有 $\mathrm{A}(M) \subseteq S$. □

命题 1.31 (仿射包的等价刻画) 设 $M \subseteq \mathbb{E}$ 非空. 则 $\mathrm{aff}(M) = \mathrm{A}(M)$, 即 $\mathrm{aff}(M)$ 是 M 中元素的所有仿射组合构成的集合.

证明 显然 $M \subseteq \mathrm{A}(M)$. 由包算子定义, $\mathrm{aff}(M) \subseteq \mathrm{aff}(\mathrm{A}(M))$. 再由引理 1.30(1) 和包系统的不变性, $\mathrm{aff}(\mathrm{A}(M)) = \mathrm{A}(M)$. 故 $\mathrm{aff}(M) \subseteq \mathrm{A}(M)$. 另一方面, 由引理 1.30(2), $\mathrm{A}(M) \subseteq \mathrm{aff}(M)$. 因此 $\mathrm{aff}(M) = \mathrm{A}(M)$. □

类似于线性空间中的线性无关性与线性映射, 下面引入仿射无关性与仿射映射的概念. 后面将用它们推出两个同维数仿射集之间的关系.

定义 1.32 (仿射无关性 (affine independence)) 称 $x_0, x_1, \cdots, x_p \in \mathbb{E}$ 仿射无关, 如果 $x_1 - x_0, \cdots, x_p - x_0$ 线性无关.

命题 1.33 (仿射无关性的等价刻画) 给定 $x_0, \cdots, x_p \in \mathbb{E}$. 以下结论两两等价:

(1) $x_0, \cdots, x_p$ 仿射无关;

(2) $(x_0, 1), \cdots, (x_p, 1) \in \mathbb{E} \times \mathbb{R}$ 线性无关;

(3) $0 = \sum_{i=0}^p \alpha_i x_i$, $0 = \sum_{i=0}^p \alpha_i$ 有唯一解 $\alpha_0 = \alpha_1 = \cdots = \alpha_p = 0$.

证明 (1) ⇒ (2): 对 $\alpha_0, \cdots, \alpha_p \in \mathbb{R}$, 若 $\sum_{i=0}^p \alpha_i(x_i, 1) = 0$, 则

$$\sum_{i=0}^p \alpha_i x_i = 0, \quad \sum_{i=0}^p \alpha_i = 0.$$

于是有

$$0 = -\sum_{i=0}^p \alpha_i x_0 + \sum_{i=0}^p \alpha_i x_i = \sum_{i=1}^p \alpha_i(x_i - x_0).$$

由 $x_0, \cdots, x_p$ 仿射无关, 得 $\alpha_1 = \cdots = \alpha_p = 0$ 且 $\alpha_0 = -\sum_{i=1}^p \alpha_i = 0$, 即 $\{(x_i, 1)\}_{i=0}^p$ 线性无关.

(2) ⇒ (3): 简单推导即可得

$$\begin{cases} 0 = \sum_{i=0}^{p} \alpha_i x_i, \\ 0 = \sum_{i=0}^{p} \alpha_i \end{cases} \Rightarrow \sum_{i=0}^{p} \alpha_i (x_i, 1) = 0 \Rightarrow \alpha_0 = \cdots = \alpha_p = 0.$$

(3) ⇒ (1): 对 $\alpha_0, \cdots, \alpha_p \in \mathbb{R}$, 假设有

$$0 = \sum_{i=1}^{p} \alpha_i (x_i - x_0) = \sum_{i=1}^{p} \alpha_i x_i - \sum_{i=1}^{p} \alpha_i x_0.$$

记 $\alpha_0 := -\sum_{i=1}^{p} \alpha_i$, 则

$$0 = \sum_{i=0}^{p} \alpha_i x_i, \quad 0 = \sum_{i=0}^{p} \alpha_i.$$

于是 $\alpha_0 = \cdots = \alpha_p = 0$. 因此 $\{x_i - x_0\}_{i=1}^{p}$ 线性无关. □

推论 1.34 设 $\dim(\text{aff}\{x_0, \cdots, x_p\}) = p$. 则对任何 $x \in \text{aff}\{x_0, \cdots, x_p\}$ 都存在唯一的仿射表示: $x = \sum_{i=0}^{p} \alpha_i x_i$, $\sum_{i=0}^{p} \alpha_i = 1$.

证明 由于 $x \in \text{aff}\{x_0, \cdots, x_p\}$, 所以必存在 $\{\alpha_i\}_{i=0}^{p} \subseteq \mathbb{R}$ 使得

$$x = \sum_{i=0}^{p} \alpha_i x_i, \quad \sum_{i=0}^{p} \alpha_i = 1.$$

因为 $\dim(\text{aff}\{x_0, \cdots, x_p\}) = \dim(\text{span}\{x_1 - x_0, \cdots, x_p - x_0\}) = p$, 所以 $x_0, \cdots, x_p$ 仿射无关. 根据命题 1.33, 齐次方程组

$$0 = \sum_{i=0}^{p} \alpha_i x_i, \quad 0 = \sum_{i=0}^{p} \alpha_i$$

有唯一解 $\alpha_i = 0, i = 0, \cdots, p$. 因此, 仿射表示唯一. □

定义 1.35 (仿射映射 (affine mapping)) 称 $F : \mathbb{E}_1 \to \mathbb{E}_2$ 为仿射映射, 如果

$$F(\lambda x + (1 - \lambda) y) = \lambda F(x) + (1 - \lambda) F(y), \quad \forall x, y \in \mathbb{E}, \quad \lambda \in \mathbb{R}.$$

命题 1.36 设 $F : \mathbb{E}_1 \to \mathbb{E}_2$. 则以下结论相互等价:

(1) F 是仿射的;

(2) 定义 $T : \mathbb{E}_1 \to \mathbb{E}_2$ 为

$$T(x) := F(x) - F(0), \quad \forall x \in \mathbb{E}_1,$$

则 T 是线性的;

(3) 对任意仿射组合 $\sum_{i=1}^{k}\lambda_i x_i \in \mathbb{E}_1$, $\sum_{i=1}^{k}\lambda_i = 1$, 有

$$F\left(\sum_{i=1}^{k}\lambda_i x_i\right) = \sum_{i=1}^{k}\lambda_i F(x_i).$$

证明 (3) $\Rightarrow$ (1): 显然.

(1) $\Rightarrow$ (2): 对任意 $x \in \mathbb{E}_1$, $\lambda \in \mathbb{R}$,

$$T(\lambda x) = F(\lambda x + (1-\lambda)0) - F(0) = \lambda F(x) - \lambda F(0) = \lambda T(x).$$

对任意 $x, y \in \mathbb{E}_1$,

$$T(x+y) = 2T\left(\frac{1}{2}x + \frac{1}{2}y\right) = 2\left[\frac{1}{2}F(x) + \frac{1}{2}F(y) - F(0)\right] = T(x) + T(y).$$

因此 T 是线性算子.

(2) $\Rightarrow$ (3): 对任意仿射组合 $\sum_{i=1}^{k}\lambda_i x_i \in \mathbb{E}_1$, $\sum_{i=1}^{k}\lambda_i = 1$, 有

$$\begin{aligned}
F\left(\sum_{i=1}^{k}\lambda_i x_i\right) &= T\left(\sum_{i=1}^{k}\lambda_i x_i\right) + F(0) \\
&= \sum_{i=1}^{k}\lambda_i T(x_i) + F(0) \\
&= \sum_{i=1}^{k}\lambda_i \left[F(x_i) - F(0)\right] + F(0) \\
&= \sum_{i=1}^{k}\lambda_i F(x_i).
\end{aligned}$$

□

推论 1.37 设 $F: \mathbb{E}_1 \to \mathbb{E}_2$ 是仿射的, $S, M \subseteq \mathbb{E}_1$, S 是仿射集. 则

(1) $F(S)$ 是仿射集;

(2) $F(\operatorname{aff}(M)) = \operatorname{aff}(F(M))$.

证明 (1) 由仿射集和仿射映射的定义可得.

(2) 由命题 1.36(3) 可得. □

定理 1.38 设 $A, B \subseteq \mathbb{E}$ 都是仿射集且维数均为 $k \in \mathbb{N}: 1 \leqslant k \leqslant N := \dim(\mathbb{E})$, 则存在可逆仿射映射 $F: \mathbb{E} \to \mathbb{E}$ 满足 $F(A) = B$, $F^{-1}(B) = A$.

证明 因为 A 仿射且维数为 k, 所以存在仿射无关的 $x_0, \cdots, x_k \in A$, 使得

$$\operatorname{aff}\{x_0, \cdots, x_k\} = A.$$

同理对 B, 存在仿射无关的 $y_0, \cdots, y_k \in B$, 使得

$$\mathrm{aff}\{y_0, \cdots, y_k\} = B.$$

则 $\{x_1 - x_0, \cdots, x_k - x_0\}$, $\{y_1 - y_0, \cdots, y_k - y_0\}$ 分别线性无关. 分别将它们扩充为 $\mathbb{E}$ 的基

$$\{x_1 - x_0, \cdots, x_k - x_0, x_{k+1}, \cdots, x_N\}, \quad \{y_1 - y_0, \cdots, y_k - y_0, y_{k+1}, \cdots, y_N\}.$$

定义线性映射 $T : \mathbb{E} \to \mathbb{E}$ 为

$$T(x_i - x_0) := y_i - y_0,\ i = 1, \cdots, k; \quad T(x_i) := y_i,\ i = k+1, \cdots, N,$$

则 T 可逆 (因为 T 把一组基映为一组基). 再定义仿射映射 $F : \mathbb{E} \to \mathbb{E}$ 为

$$F(x) := T(x) + y_0 - T(x_0), \quad \forall x \in \mathbb{E}.$$

由于 T 可逆, 因此 F 也可逆, 且

$$F(x_i) = T(x_i) + y_0 - T(x_0) = T(x_i - x_0) + y_0 = y_i - y_0 + y_0 = y_i, \quad i = 1, \cdots, k.$$

因此由推论 1.37(2), 我们有

$$F(A) = F(\mathrm{aff}\{x_0, \cdots, x_k\}) = \mathrm{aff}(F(\{x_0, \cdots, x_k\})) = \mathrm{aff}\{y_0, \cdots, y_k\} = B. \quad \square$$

根据上面的定理、命题和推论, 我们可建立如下对应关系 (表 1.2).

表 1.2 "线性" 与 "仿射" 的对应关系

"线性" 的概念	"仿射" 的概念
子空间	仿射集
span	aff
线性无关性	仿射无关性
(线性) 维数	仿射维数
线性映射	仿射映射

线性概念是仿射概念的特殊情形, 而经过维数抬升后, 仿射概念又会回归线性概念 (命题 1.33(2)).

习 题 1

1.1 证明定理 1.1 的其他部分.

1.2 给定 $x \in \mathbb{E}$, $\varepsilon > 0$, 证明 $B_\varepsilon(x) = x + \varepsilon B_1(0)$.

1.3 设 $A \in \mathbb{S}^n_+$, 证明存在唯一 $B \in \mathbb{S}^n_+$ 使得 $B^2 = A$, 即 $B = A^{\frac{1}{2}}$. 这表明开根号运算在 $\mathbb{S}^n_+$ 中是良定的.

1.4 设 A, B 是 $\mathbb{E}$ 的非空闭子集, $\lambda, \mu \in \mathbb{R}$, A, B 中至少有一个有界. 证明 $\lambda A + \mu B$ 也是闭集, 并通过反例说明这里的有界性是必要的.

1.5 证明 $\mathrm{epi}(\mathrm{cl}(f)) = \mathrm{cl}(\mathrm{epi}(f))$.

1.6 设 $A \in \mathbb{S}^n$, $b \in \mathbb{R}^n$, 二次函数 $q : \mathbb{R}^n \to \mathbb{R}$ 定义为

$$q(x) = \frac{1}{2}x^{\mathrm{T}}Ax + b^{\mathrm{T}}x.$$

证明如下三条性质互相等价:

(1) $\inf_{\mathbb{R}^n} q > -\infty$;

(2) $A \succeq 0$, $b \in \mathrm{im}(A)$;

(3) $\arg\min_{\mathbb{R}^n} q \neq \varnothing$.

1.7 证明闭包的如下两个定义等价:

(1) $\mathrm{cl}(M) := \left\{x \mid \exists \{x^k\} \subseteq M, \text{ s.t. } \lim_{k\to\infty} x^k = x\right\}$;

(2) $\mathrm{cl}(M) := \bigcap_{\substack{M \subseteq N \\ N \subseteq V \text{是闭集}}} N$.

1.8 证明: 设 $x_0, x_1, \cdots, x_k \in \mathbb{E}$, 则

$$x_0 + \mathrm{span}\{x_1 - x_0, \cdots, x_k - x_0\} = \mathrm{aff}\{x_0, \cdots, x_k\}.$$

特别地, 如果 $\{x_0, \cdots, x_k\}$ 包含 0, 则 $\mathrm{aff}\{x_0, \cdots, x_k\} = \mathrm{span}\{x_0, \cdots, x_k\}$.

1.9 设 $F : \mathbb{E} \to \mathbb{E}'$ 是仿射的. 证明

(1) 若 $\mathbb{E}' = \mathbb{R}$, 则存在唯一 $b \in \mathbb{E}$, $\beta \in \mathbb{R}$ 使得对任意 $x \in \mathbb{E}$, $F(x) = \langle b, x\rangle + \beta$;

(2) F 是连续的.

1.10 多面体的仿射包: 设 $a_i \in \mathbb{E}$, $b_i \in \mathbb{R}$, $i = 1, \cdots, p$. 定义多面体

$$P := \{x \in \mathbb{E} \mid \langle a_i, x\rangle \leqslant b_i,\ i = 1, \cdots, p\}.$$

指标集 $I := \{i \mid \langle a_i, x\rangle = b_i,\ i = 1, \cdots, p,\ \forall x \in P\}$. 证明:

(1) 存在 $\hat{x} \in P$ 使得对任意 $j \in \{1, \cdots, p\} \setminus I$, $\langle a_j, \hat{x}\rangle < b_j$;

(2) $\mathrm{aff}(P) = \{x \in \mathbb{E} \mid \langle a_i, x\rangle \leqslant b_i,\ i \in I\}$.

第 2 章　凸集与凸锥

本章介绍凸分析中的集合——凸集与凸锥, 包括它们的性质及各自诱导出的包算子. 特别地, 借助上一章定义的仿射包的概念, 我们可以讨论凸集在相对拓扑下的性质, 从而更加本质地了解凸集. 借助特殊的锥和凸集分离定理, 可以得到优化问题的最优性条件. 我们还会涉及其他的话题, 例如到闭凸集上的投影、Moreau 分解等.

2.1　凸集及其基本性质

定义 2.1 (凸集 (convex set))　我们称 $C \subseteq \mathbb{E}$ 是凸集, 如果对任意 $x, y \in C$, $\lambda \in [0,1]$, 有 $\lambda x + (1-\lambda)y \in C$.

凸集有个非常直观的几何解释: 对 C 中任意两点 x, y, 线段 $[x, y] := \{\lambda x + (1-\lambda)y \mid \lambda \in [0,1]\}$ 都完整地被包含在 C 中. 类似地, 我们记

- $[x, y) := \{\lambda x + (1-\lambda)y \mid \lambda \in (0,1]\}$;
- $(x, y] := \{\lambda x + (1-\lambda)y \mid \lambda \in [0,1)\}$;
- $(x, y) := \{\lambda x + (1-\lambda)y \mid \lambda \in (0,1)\}$.

较为平凡的凸集有单点集、$\mathbb{E}$、(开, 闭, 半开半闭) 实数区间.

命题 2.2 (保凸性运算)

(1) (交运算) 若 $\{C_i \subseteq \mathbb{E} \mid i \in I\}$ 是一族凸集, 则 $\bigcap_{i\in I} C_i$ 也是凸集;

(2) (笛卡儿积) 若 $C_i \subseteq \mathbb{E}_i$, $i = 1, \cdots, m$ 是凸集, 则 $\bigotimes_{i=1}^m C_i \subseteq \bigotimes_{i=1}^m \mathbb{E}_i$ 也是凸集;

(3) (Minkowski 和与数乘) 若 A, B 是凸集, $\lambda, \mu \in \mathbb{R}$, 则 $\lambda A + \mu B$ 也是凸集;

(4) (仿射映射) 若 $F : \mathbb{E}_1 \to \mathbb{E}_2$ 是仿射映射, $A \subseteq \mathbb{E}_1$, $B \subseteq \mathbb{E}_2$ 是凸集, 则 $F(A), F^{-1}(B)$ 也是凸集.

例 2.3 (凸集的例子)

- 仿射集 (特别地, 子空间) 是凸集.
- 半空间 (half space): 记 $H_{b,\gamma} = \{v \in \mathbb{E} \mid \langle b, x\rangle = \gamma\}$ 是由 $b \in \mathbb{E} \setminus \{0\}$ 和 $\gamma \in \mathbb{R}$ 定义的仿射超平面. 则

$$H_{b,\gamma}^{\leqslant} := \{v \in \mathbb{E} \mid \langle b, x\rangle \leqslant \gamma\};$$
$$H_{b,\gamma}^{\geqslant} := \{v \in \mathbb{E} \mid \langle b, x\rangle \geqslant \gamma\};$$

$$H_{b,\gamma}^{<} := \{v \in \mathbb{E} \mid \langle b, x\rangle < \gamma\};$$
$$H_{b,\gamma}^{>} := \{v \in \mathbb{E} \mid \langle b, x\rangle > \gamma\}$$

是凸集, 并且分别被称为由 $H_{b,\gamma}$ 诱导的闭 (开) 半空间.

- 多面体 (polyhedron): 设 $b_i \in \mathbb{E} \setminus \{0\}$ 和 $\gamma_i \in \mathbb{R}$ $(i = 1, \cdots, m)$. 则

$$P := \{v \in \mathbb{E} \mid \langle b_i, v\rangle \leqslant \gamma_i,\ i = 1, \cdots, m\}$$

是凸集, 并被称为多面体. 有界的多面体被称为**多胞形** (polytope).

- 设 $x \in \mathbb{E}$, $r > 0$. 则球 $B_r(x)$ 是凸集.
- 单位单纯形 (unit simplices): $\Delta_k := \{x \in \mathbb{R}^k \mid \sum_{i=1}^{k} x_i = 1,\ x_i \geqslant 0,\ i = 1, \cdots, k\}$ 被称为 $\mathbb{R}^k$ 中的单位单纯形. 它既是紧集, 又是凸集, 并且 $\mathrm{int}(\Delta_k) = \varnothing$.

2.2 凸　包

本节将介绍一个新的包算子——凸包, 并给出其等价的刻画.

定义 2.4 (凸包 (convex hull))　设 $M \subseteq \mathbb{E}$ 非空. M 的凸包定义为

$$\mathrm{conv}(M) := \bigcap_{\substack{M \subseteq C \\ C\text{是凸集}}} C,$$

即包含 M 的最小凸集.

根据命题 1.18, 可以验证 $\mathrm{conv} : 2^{\mathbb{E}} \to 2^{\mathbb{E}}$ 是包算子, 且 $\mathbb{E}$ 中全体凸集构成包系统. 特别地, 我们对凸包有如下等价刻画.

命题 2.5 (凸包的等价刻画)　设 $M \subseteq \mathbb{E}$ 非空. 则有

$$\mathrm{conv}(M) = \left\{ \sum_{i=1}^{r} \lambda_i x_i \,\middle|\, r \in \mathbb{N},\ \lambda_i \in \Delta_k,\ x_i \in M,\ i = 1, \cdots, r \right\}.$$

事实上, 我们可进一步将命题 2.5 中求和指标的上界 r 固定为集合所在空间的维数加 1.

定理 2.6 (Carathéodory 定理)　设 $M \subseteq \mathbb{E}$ 非空, $N := \dim(\mathbb{E})$. 则

$$\mathrm{conv}(M) = \left\{ \sum_{i=1}^{N+1} \lambda_i x_i \,\middle|\, \lambda \in \Delta_{N+1},\ x_i \in M,\ i = 1, \cdots, N+1 \right\},$$

即 $\mathrm{conv}(M)$ 中的任意元素均可表示成 M 中至多 $N+1$ 个元素的凸组合.

证明　对任意 $x \in \operatorname{conv}(M)$, 由命题2.5, 存在 $r \in \mathbb{N}$, $\{x_i\}_{i=1}^r \subseteq M$, $\{\lambda_i\}_{i=1}^r \subseteq \mathbb{R}_+$, 使得

$$x = \sum_{i=1}^r \lambda_i x_i, \qquad \sum_{i=1}^r \lambda_i = 1.$$

若 $r \leqslant N+1$, 则结论成立. 若 $r > N+1$, 则仅需证 x 可被 M 中 $r-1$ 个元素的凸组合表示, 然后归纳证明即可. 不妨设 $\lambda_i \neq 0$, $i = 1, \cdots, r$. 由 $r > N+1$, 有 $(x_1, 1), \cdots, (x_r, 1) \in \mathbb{E} \times \mathbb{R}$ 线性相关, 即存在不全为 0 的 $\alpha_1, \cdots, \alpha_r \in \mathbb{R}$ 使得 $\sum_{i=1}^r \alpha_i (x_i, 1) = 0$. 不妨设

$$\left|\frac{\alpha_i}{\lambda_i}\right| \leqslant \left|\frac{\alpha_r}{\lambda_r}\right|, \quad i = 1, \cdots, r-1.$$

于是 $\alpha_r \neq 0$. 令 $\beta_i := -\alpha_i/\alpha_r$, $i = 1, \cdots, r-1$, 则 $x_r = \sum_{i=1}^{r-1} \beta_i x_i$, $\sum_{i=1}^{r-1} \beta_i = 1$, 以及

$$x = \sum_{i=1}^r \lambda_i x_i = \sum_{i=1}^{r-1} \lambda_i x_i + \lambda_r \sum_{i=1}^{r-1} \beta_i x_i = \sum_{i=1}^{r-1} (\lambda_i + \lambda_r \beta_i) x_i.$$

令 $\tilde{\lambda}_i := \lambda_i + \lambda_r \beta_i$, $i = 1, \cdots, r-1$, 则 $x = \sum_{i=1}^{r-1} \tilde{\lambda}_i x_i$ 且

$$\sum_{i=1}^{r-1} \tilde{\lambda}_i = \sum_{i=1}^{r-1} \lambda_i + \lambda_r \sum_{i=1}^{r-1} \beta_i = 1 - \lambda_r + \lambda_r = 1,$$

$$\tilde{\lambda}_i = \lambda_i + \lambda_r \beta_i = \lambda_i - \lambda_r \frac{\alpha_i}{\alpha_r} \geqslant 0, \quad i = 1, \cdots, r-1. \qquad \square$$

定理2.6将求和指标个数固定住是有意义的, 可以化 “动” 为 “静”. 这在后面的证明中可以看出来. 事实上, 我们可以证明更加精细的结果, 即 $N+1$ 可以改为 $\dim(\operatorname{aff}(M)) + 1$.

2.3　凸集的拓扑性质

本节讨论凸集的拓扑性质. 除了标准拓扑, 我们还将着重介绍凸集在相对拓扑下的性质. 后者往往能更准确地描述凸集的本质特征.

在1.2节的开头, 我们介绍了开闭集和集合的边界, 也谈到了集合闭包与内部的概念. 我们先用标准的数学语言对它们加以定义: 给定集合 M, 它的

- 闭包 (closure): $\operatorname{cl}(M) := \{x \mid B_\varepsilon(x) \cap M \neq \varnothing, \ \forall \varepsilon > 0\}$;
- 内部 (interior): $\operatorname{int}(M) := \{x \in M \mid \exists \varepsilon > 0, \ B_\varepsilon(x) \subseteq M\}$;
- 边界 (boundary): $\operatorname{bd} M := \operatorname{cl}(M) \setminus \operatorname{int}(M)$.

一些集合上的运算保持凸性. 另一方面, 凸包运算也能保持集合的一些性质.

命题 2.7 (凸集的闭包与内部) 设 $S \subseteq \mathbb{E}$ 是凸集. 则 $\mathrm{cl}(S)$ 和 $\mathrm{int}(S)$ 也是凸集.

证明 由 $\mathrm{cl}(S) = \bigcap_{\varepsilon>0}(S+\varepsilon B)$ 且 $S+\varepsilon B$ 是凸集, 有 $\mathrm{cl}(S)$ 是凸集. 对任意 $x, y \in \mathrm{int}(S)$, 存在开邻域 $U_1, U_2 \subseteq S$, 分别使得 $x \in U_1$, $y \in U_2$. 对任意 $\lambda \in [0,1]$, 有

$$\lambda x + (1-\lambda)y \in \lambda U_1 + (1-\lambda)U_2 \subseteq \lambda S + (1-\lambda)S \subseteq S.$$

因为 $\lambda U_1 + (1-\lambda)U_2$ 是开集, 所以 $\lambda U_1 + (1-\lambda)U_2 \subseteq \mathrm{int}(S)$, 进而 $\lambda x + (1-\lambda)y \in \mathrm{int}(S)$, 因此 $\mathrm{int}(S)$ 是凸集. □

命题 2.8 设集合 $M \subseteq \mathbb{E}$ 是紧集. 则 $\mathrm{conv}(M)$ 也是紧集.

证明 对任意 $\{x_k\} \subseteq \mathrm{conv}(M)$, 由定理 2.6, 对任一 $k \in \mathbb{N}$, 存在 $(\alpha_i^k)_{i=1}^{N+1} \in \Delta_{N+1}$, $\{v_i^k\}_{i=1}^{N+1} \subseteq M$ 使得 $x_k = \sum_{i=1}^{N+1} \alpha_i^k v_i^k$. 由于 M 和 Δ_{N+1} 紧, 因此存在 $\{\alpha_i^{k_j}\}_j, \{v_i^{k_j}\}_j$ 使得

$$\lim_{j\to\infty} \alpha_i^{k_j} = \alpha_i \geqslant 0, \quad \lim_{j\to\infty} v_i^{k_j} = v_i \in M, \quad i = 1, \cdots, N+1,$$

且 $(\alpha_i)_{i=1}^{N+1} \in \Delta_{N+1}$. 于是

$$\lim_{j\to\infty} x_{k_j} = \lim_{j\to\infty} \sum_{i=1}^{N+1} \alpha_i^{k_j} v_i^{k_j} = \sum_{i=1}^{N+1} \alpha_i v_i =: x.$$

再由 $\sum_{i=1}^{N+1} \alpha_i = 1$, 有 $x \in \mathrm{conv}(M)$. □

推论 2.9 若 $M \subseteq \mathbb{E}$ 有界, 则 $\mathrm{conv}(M)$ 有界.

证明 由 M 有界可知 $\mathrm{cl}(M)$ 有界. 由命题 2.8, $\mathrm{conv}(\mathrm{cl}(M))$ 紧, 于是 $\mathrm{conv}(\mathrm{cl}(M))$ 有界. 再由包算子 conv 的单调性, 有 $\mathrm{conv}(M) \subseteq \mathrm{conv}(\mathrm{cl}(M))$, 于是 $\mathrm{conv}(M)$ 有界. □

注释 2.10 注意由 M 闭未必能得到 $\mathrm{conv}(M)$ 闭. 比如 $\mathbb{E} = \mathbb{R}^2$, $M = (0,1) \cup x$ 轴, M闭, $(1,1) \in \mathrm{cl}(\mathrm{conv}(M))$ 但 $(1,1) \notin \mathrm{conv}(M)$.

将闭包与凸包结合起来, 我们就得到了一个新的包算子——**闭凸包** (closed convex hull).

定义 2.11 (闭凸包) 设集合 $S \subseteq \mathbb{E}$ 非空. S 的闭凸包定义为

$$\overline{\mathrm{conv}}(S) := \bigcap_{\substack{S\subseteq C \\ C\text{是闭凸集}}} C.$$

命题 2.12 (闭凸包的等价刻画) 设 $S \subseteq \mathbb{E}$ 非空. 则 $\overline{\mathrm{conv}} S = \mathrm{cl}(\mathrm{conv}(S))$.

证明 一方面, 由 $\mathrm{cl}(\mathrm{conv}(S))$ 是闭凸集且包含 S, 有 $\overline{\mathrm{conv}}(S) \subseteq \mathrm{cl}(\mathrm{conv}(S))$. 另一方面, 因为 $S \subseteq \overline{\mathrm{conv}}(S)$ 且 $\overline{\mathrm{conv}}(S)$ 凸, 有 $\mathrm{conv}(S) \subseteq \overline{\mathrm{conv}}(S)$. 再由 $\overline{\mathrm{conv}}(S)$ 闭, 我们得到反方向 $\mathrm{cl}(\mathrm{conv}(S)) \subseteq \overline{\mathrm{conv}}(S)$. □

本节重点介绍凸集在相对拓扑下的性质. 细心的读者可能会发现, 标准拓扑有时并不足以刻画凸集的一些关键性质. 例如, 单纯形可以看作一个超平面与 $\mathbb{R}^n_+$ 的交集, 是超平面的一部分, 保留了超平面的一些性质. 它的 "合理内部" 应该是去掉边界的那一部分才对. 但若按照标准拓扑的定义, 单纯形的内部是空集. 因此, 我们有必要在相对拓扑下讨论内部.

定义 2.13 (相对内部 (relative interior)、相对边界 (relative boundary) 与凸集维数 (dimension of convex set)) 设 $C \subseteq \mathbb{E}$ 是凸集. C 的相对内部定义为

$$\mathrm{ri}(C) := \{x \in C \mid \exists \varepsilon > 0,\ B_\varepsilon(x) \cap \mathrm{aff}(C) \subseteq C\},$$

即 $\mathrm{ri}(C)$ 是 $\mathrm{aff}(C)$ 诱导的相对拓扑中的 C 的内部. 相对边界定义为 $\mathrm{rbd}(C) := \mathrm{cl}(C) \setminus \mathrm{ri}(C)$. 凸集的维数定义为 $\dim(C) := \dim(\mathrm{aff}(C))$, 也称凸维数.

注释 2.14

• 讨论非凸集合的相对内部没有意义. 例如, 按上述定义, $\mathbb{R}^2$ $(n > 2)$ 中一段折线的相对内部是空集.

• 因为 $\mathrm{aff}(C)$ 是闭集, 所以在相对拓扑和标准拓扑下, 闭集的定义是相同的. 所以没有定义 "相对闭包" 的必要. 但讨论 "相对边界" 是有必要的. 具体可以看下面的例 2.15.

• 根据定义, 我们有包含关系 $\mathrm{int}(C) \subseteq \mathrm{ri}(C) \subseteq C \subseteq \mathrm{cl}(C) \subseteq \mathrm{aff}(C)$.

• ri 不是一个包算子; 可比较例 2.15 的第 1, 2 行. 但凸集的相对内部仍然是凸集 (见命题 2.17).

例 2.15 相对内部的几个例子如表 2.1 所示.

表 2.1 相对内部的几个例子

C	$\mathrm{aff}(C)$	$\dim(\mathbb{E})$	$\dim(C)$	$\mathrm{int}(C)$	$\mathrm{bd}(C)$	$\mathrm{ri}(C)$	$\mathrm{rbd}(C)$
$\{x\}$	$\{x\}$	$n \geqslant 1$	0	$\varnothing$	$\{x\}$	$\{x\}$	$\varnothing$
$[x, x']$	$\{\lambda x + (1-\lambda)x' \mid \lambda \in \mathbb{R}\}$	$n \geqslant 2$	1	$\varnothing$	$[x, x']$	(x, x')	$\{x, x'\}$
Δ_n	$\{a \mid \mathbf{1}^{\mathrm{T}} a = 1\}$	n	$n-1$	$\varnothing$	Δ_n	$\Delta_n \cap \mathbb{R}^n_{++}$	$\Delta_n \cap \mathrm{bd}(\mathbb{R}^n_+)$
$\overline{B}_\varepsilon(x)$	$\mathbb{E}$	N	N	$B_\varepsilon(x)$	$S_\varepsilon(x)$	$B_\varepsilon(x)$	$S_\varepsilon(x)$
$B_\varepsilon(x)$	$\mathbb{E}$	N	N	$B_\varepsilon(x)$	$\varnothing$	$B_\varepsilon(x)$	$\varnothing$

其中 $\mathbf{1} \in \mathbb{R}^n$ 是全一向量, $S_\varepsilon(x)$ 为以 x 为中心, ε 为半径的球的球面.

注释 2.16 凸集 $C \subseteq \mathbb{E}$ 的相对内部与内部相同, 当且仅当 $\dim(C) = \dim(\mathbb{E})$, 即 $\mathrm{aff}(C) = \mathbb{E}$. 此时所有与拓扑有关的问题都可以放到标准拓扑下讨论. 对于

$m := \dim(C) < \dim(\mathbb{E})$ 的情形, 对任意 m 维子空间 $U \subseteq \mathbb{E}$, 由定理1.38, 存在可逆仿射映射 $F : \mathbb{E} \to \mathbb{E}$ 使得 $F(\mathrm{aff}(C)) = U$, 更进一步有 $\mathrm{aff}(F(C)) = F(\mathrm{aff}(C)) = U$. 由此可知, 我们考虑 $\mathrm{aff}(C)$ 上与 C 相关的性质, 等价于考虑 U 中与满维 (相对于子空间 U) 凸集 $F(C)$ 相关的性质.

下面的命题表明, 对一凸集, 以其相对内部和闭包内各一点为端点的半开半闭线段完全落于相对内部中.

命题 2.17 (线段原理 (line segment principle)) 设 $C \subseteq \mathbb{E}$ 是凸集, $x \in \mathrm{ri}(C)$, $y \in \mathrm{cl}(C)$. 则 $[x, y) \subseteq \mathrm{ri}(C)$.

证明 由注释2.16, 不妨设 $\dim(C) = \dim(\mathbb{E})$, 即 $\mathrm{ri}(C) = \mathrm{int}(C)$. 对任意 $\lambda \in [0, 1)$, 由 $y \in \mathrm{cl}(C)$, 有 $y \in C + \varepsilon B$ (任意 $\varepsilon > 0$). 因此

$$\begin{aligned}
B_\varepsilon((1-\lambda)x + \lambda y) &= (1-\lambda)x + \lambda y + \varepsilon B \\
&\subseteq (1-\lambda)x + \lambda(C + \varepsilon B) + \varepsilon B \\
&= (1-\lambda)\left(x + \frac{1+\lambda}{1-\lambda}\varepsilon B\right) + \lambda C.
\end{aligned}$$

由 $x \in \mathrm{int}(C)$, 对于充分小的 $\varepsilon > 0$, 有 $B_{\varepsilon\frac{1+\lambda}{1-\lambda}}(x) \subseteq C$. 又 $B_{\varepsilon\frac{1+\lambda}{1-\lambda}}(x) = x + \dfrac{1+\lambda}{1-\lambda}\varepsilon B$, 因此

$$B_\varepsilon((1-\lambda)x + \lambda y) \subseteq (1-\lambda)C + \lambda C \subseteq C,$$

即 $(1-\lambda)x + \lambda y \in \mathrm{int}(C)$. □

相对内部抓住了凸集的特征. 下面的命题指出, $\mathrm{cl}(C)$, C, $\mathrm{ri}(C)$ 的仿射集是同一个集合. 这一点也是符合直观的.

命题 2.18 设 $C \subseteq \mathbb{E}$ 是凸集. 则 $\mathrm{aff}(\mathrm{cl}(C)) = \mathrm{aff}(C) = \mathrm{aff}(\mathrm{ri}(C))$. 特别地, $\dim(C) = \dim(\mathrm{cl}(C)) = \dim(\mathrm{ri}(C))$. 当 $C \neq \varnothing$ 时, 有 $\mathrm{ri}(C) \neq \varnothing$.

证明 命题中的第二句话和第三句话是第一句话的直接推论. 因此我们只需证明第一句话. 由 $\mathrm{aff}(C)$ 闭, 有 $\mathrm{cl}(C) \subseteq \mathrm{aff}(C)$. 再由包算子 aff 的单调性, 有

$$\mathrm{aff}(C) \subseteq \mathrm{aff}(\mathrm{cl}(C)) \subseteq \mathrm{aff}(\mathrm{aff}(C)) = \mathrm{aff}(C).$$

根据注释2.16, 不妨设 $\mathrm{aff}(C) = \mathbb{E}$, 即 $\dim(C) = \dim(\mathbb{E})$. 此时, 我们只需证 $\mathrm{int}(C) \neq \varnothing$. 取 $x_0, \cdots, x_N \in C$ 仿射无关, 令 $S := \mathrm{conv}\{x_0, \cdots, x_N\} \subseteq C$. 定义

$$\overline{x} := \frac{1}{N+1}\sum_{i=0}^{N} x_i \in S.$$

下面我们证明 $\overline{x} \in \operatorname{int}(C)$. 注意到 $\mathbb{E} = \operatorname{aff}(C) = \operatorname{aff}\{x_0, \cdots, x_N\}$. 对任意 $y \in \mathbb{E}$, 存在唯一 $\beta_0(y), \cdots, \beta_N(y) \in \mathbb{R}$ 使得

$$\sum_{i=0}^{N} \beta_i(y) x_i = \overline{x} + y = \frac{1}{N+1} \sum_{i=0}^{N} x_i + y, \quad \sum_{i=0}^{N} \beta_i(y) = 1.$$

记 $\alpha_i(y) := \beta_i(y) - 1/(N+1)$, 则 $(\alpha_i(y))_{i=0}^{n} \in \mathbb{R}^{n+1}$ 是

$$y = \sum_{i=0}^{N} \alpha_i x_i, \quad 0 = \sum_{i=0}^{N} \alpha_i$$

的唯一解. 因此映射 $\mathbb{E} \ni y \mapsto \alpha(y)$ 线性连续, 且根据命题 1.33 有 $\alpha(0) = 0$. 于是存在 $\delta > 0$, 对任意 $y \in \delta B$, $|\alpha(y)| \leqslant 1/(N+1)$, 进而

$$\beta_i(y) = \alpha_i(y) + \frac{1}{N+1} \geqslant 0, \quad \overline{x} + y = \sum_{i=0}^{N} \beta_i(y) x_i \in S \subseteq C.$$

故 $\overline{x} + \delta B \subseteq C$, 即 $\overline{x} \in \operatorname{int}(C)$. □

除 aff 外, 三者的 ri, cl, rbd 也都是相同的.

命题 2.19 *设 $C \subseteq \mathbb{E}$ 是凸集. 则下述结论成立:*

(1) $\operatorname{ri}(\operatorname{ri}(C)) = \operatorname{ri}(C) = \operatorname{ri}(\operatorname{cl}(C))$;

(2) $\operatorname{cl}(C) = \operatorname{cl}(\operatorname{ri}(C))$;

(3) $\operatorname{rbd}(C) = \operatorname{rbd}(\operatorname{ri}(C)) = \operatorname{rbd}(\operatorname{cl}(C))$.

证明 注意到 (3) 是 (1) 和 (2) 的直接推论.

我们先证明 (2). 显然我们有包含关系 $\operatorname{cl}(\operatorname{ri}(C)) \subseteq \operatorname{cl}(C)$. 因此只需证明 $\operatorname{cl}(C) \subseteq \operatorname{cl}(\operatorname{ri}(C))$. 任取 $y \in \operatorname{cl}(C)$, $x \in \operatorname{ri}(C)$. 由命题 2.17, 对任意 $\lambda \in [0, 1)$, 有 $(1-\lambda)x + \lambda y \in \operatorname{ri}(C)$. 这就表明 $y \in \operatorname{cl}(\operatorname{ri}(C))$. 所以 $\operatorname{cl}(C) \subseteq \operatorname{cl}(\operatorname{ri}(C))$.

再证明 (1). 首先注意 ri 并不是包算子, 因此并不存在所谓的 “单调性”. 但根据相对内部的定义以及命题 2.18, 有 $\operatorname{ri}(\operatorname{ri}(C)) \subseteq \operatorname{ri}(C) \subseteq \operatorname{ri}(\operatorname{cl}(C))$. 因此我们只需证明 $\operatorname{ri}(\operatorname{cl}(C)) \subseteq \operatorname{ri}(\operatorname{ri}(C))$. 根据注释 2.16, 不妨设 $\operatorname{aff}(C) = \mathbb{E}$. 于是等同于要证明 $\operatorname{int}(\operatorname{cl}(C)) \subseteq \operatorname{int}(\operatorname{int}(C)) = \operatorname{int}(C)$. 任取 $x \in \operatorname{int}(\operatorname{cl}(C))$, 我们要证明 $x \in \operatorname{int}(C)$. 任取 $y \in \operatorname{int}(C)$. 不妨设 $y \neq x$. 这样, 对使得 $\mu - 1 > 0$ 充分小的 μ,

$$z := \mu x - (\mu - 1)y = x + (\mu - 1)(x - y) \in \operatorname{int}(\operatorname{cl}(C)) \subseteq \operatorname{cl}(C).$$

于是 $x = z/\mu + (\mu - 1)y/\mu$. 再利用命题 2.17, 就得到 $x \in \operatorname{int}(C)$. □

命题 2.19 和之前的命题 2.18 告诉我们, aff, cl, ri, rbd, dim 分别作用在 $\operatorname{ri}(C)$, C, $\operatorname{cl}(C)$ 上得到的结果都是一样的.

推论 2.20 设 $C_1, C_2 \subseteq \mathbb{E}$ 是凸集, 且 $\mathrm{cl}(C_1) = \mathrm{cl}(C_2)$. 则 $\mathrm{ri}(C_1) = \mathrm{ri}(C_2)$.

证明 直接利用命题2.19, $\mathrm{ri}(C_1) = \mathrm{ri}(\mathrm{cl}(C_1)) = \mathrm{ri}(\mathrm{cl}(C_2)) = \mathrm{ri}(C_2)$. □

下面的拉伸原理给出了相对内部的等价刻画.

命题 2.21 (拉伸原理 (stretching principle)) 设 $C \subseteq \mathbb{E}$ 是非空凸集. 则 $z \in \mathrm{ri}(C)$ 当且仅当对任意 $x \in C$, 存在 $\mu > 1$, 使得 $\mu z + (1-\mu)x \in C$.

证明 必要性: 设 $z \in \mathrm{ri}(C)$. 因此存在 $\varepsilon > 0$ 使得 $B_\varepsilon(z) \cap \mathrm{aff}(C) \subseteq C$. 对任意 $x \in C$ 与 $\mu \in \mathbb{R}$, 有 $\mu z + (1-\mu)x \in \mathrm{aff}(C)$. 于是当 μ 充分接近 1 时, 有

$$\mu z + (1-\mu)x \in B_\varepsilon(z) \cap \mathrm{aff}(C) \subseteq C.$$

充分性: 由于 $C \neq \varnothing$, 所以 $\mathrm{ri}(C) \neq \varnothing$. 取 $x \in \mathrm{ri}(C) \subseteq C$. 于是存在 $\mu > 1$, 使得 $y = \mu z + (1-\mu)x \in C$. 记 $\lambda := 1/\mu \in (0,1)$. 则 $z = \lambda y + (1-\lambda)x$. 由命题2.17, $z \in \mathrm{ri}(C)$. □

注释 2.22 实际上, 我们在命题2.21的必要性证明中证明了更强的结论, 即对充分靠近 1 的 μ (不论大于还是小于), 均有 $\mu z + (1-\mu)x \in C$.

利用线段原理与拉伸原理, 我们可以证明 ri 的诸多性质.

首先回顾几个易于验证的关系.

- 给定一族集合 $\{C_i\}_{i\in I} \subseteq \mathbb{E}$, 有 $\mathrm{cl}(\bigcap_{i\in I} C_i) \subseteq \bigcap_{i\in I} \mathrm{cl}(C_i)$.
- 对仿射映射 $F: \mathbb{E}_1 \to \mathbb{E}_2$, $A \subseteq \mathbb{E}$, 有 $F(\mathrm{cl}(A)) \subseteq \mathrm{cl}(F(A))$.

把其中在集合上的运算换成 ri, 并加上一些其他的条件, 我们可以得到如下的命题2.23.

命题 2.23 设 $C_i \subseteq \mathbb{E}$, $i \in I$ 是凸集, 满足 $\bigcap_{i\in I} \mathrm{ri}(C_i) \neq \varnothing$. 则

(1) $\mathrm{cl}(\bigcap_{i\in I} C_i) = \bigcap_{i\in I} \mathrm{cl}(C_i)$;

(2) 若 $|I| < +\infty$, 则 $\mathrm{ri}(\bigcap_{i\in I} C_i) = \bigcap_{i\in I} \mathrm{ri}(C_i)$.

证明 (1) 对任意 $x \in \bigcap_{i\in I} \mathrm{ri}(C_i)$, 由命题2.17, 对任意 $y \in \bigcap_{i\in I} \mathrm{cl}(C_i)$, 有

$$(1-\lambda)x + \lambda y \in \bigcap_{i\in I} \mathrm{ri}(C_i), \quad \forall \lambda \in [0,1).$$

又由 $y = \lim_{\lambda\to 1}(1-\lambda)x + \lambda y$ 得

$$\bigcap_{i\in I} \mathrm{cl}(C_i) \subseteq \mathrm{cl}\left(\bigcap_{i\in I} \mathrm{ri}(C_i)\right) \subseteq \mathrm{cl}\left(\bigcap_{i\in I} C_i\right) \subseteq \bigcap_{i\in I} \mathrm{cl}(C_i).$$

从而

$$\mathrm{cl}\left(\bigcap_{i\in I} C_i\right) = \bigcap_{i\in I} \mathrm{cl}(C_i), \quad \mathrm{cl}\left(\bigcap_{i\in I} \mathrm{ri}(C_i)\right) = \mathrm{cl}\left(\bigcap_{i\in I} C_i\right).$$

(2) 由推论 2.20, 有

$$\bigcap_{i\in I}\mathrm{ri}(C_i)\supseteq \mathrm{ri}\left(\bigcap_{i\in I}\mathrm{ri}(C_i)\right)=\mathrm{ri}\left(\bigcap_{i\in I}C_i\right).$$

反过来, 对任意 $z\in\bigcap_{i\in I}\mathrm{ri}(C_i)$, $z\in\mathrm{ri}(C_i)$ (任意 $i\in I$). 由命题 2.21, 对任意 $x\in\bigcap_{i\in I}C_i$, $i\in I$, 存在 $\mu_i>1$, 使得 $\mu_i z+(1-\mu_i)x\in C_i$. 令 $\mu=\min_{i\in I}\mu_i$, 由 $|I|$ 有限, $\mu>1$ 且 $\mu z+(1-\mu)x\in\bigcap_{i\in I}C_i$. 再由命题 2.21, $z\in\mathrm{ri}(\bigcap_{i\in I}C_i)$. 得证. □

命题 2.24 (仿射映射下的相对内部) 设 $F:\mathbb{E}_1\to\mathbb{E}_2$ 是仿射映射, $C\subseteq\mathbb{E}_1$ 是凸集. 则 $\mathrm{ri}(F(C))=F(\mathrm{ri}(C))$.

证明 由命题 2.2(4), $F(C)$ 是凸集. 再由命题 2.19, 有

$$F(C)\subseteq F(\mathrm{cl}(C))=F(\mathrm{cl}(\mathrm{ri}(C)))\subseteq \mathrm{cl}(F(\mathrm{ri}(C)))\subseteq \mathrm{cl}(F(C))=F(\mathrm{cl}(C)).$$

由此得 $\mathrm{cl}(F(C))=\mathrm{cl}(F(\mathrm{ri}(C)))$. 再由推论 2.20, 有

$$\mathrm{ri}(F(C))=\mathrm{ri}(F(\mathrm{ri}(C)))\subseteq F(\mathrm{ri}(C)).$$

反过来, 任取 $z\in F(\mathrm{ri}(C))$, $x\in F(C)$. 记 $z':=F^{-1}(z)\in\mathrm{ri}(C)$, $x':=F^{-1}(x)\in C$. 由命题 2.21, 存在 $\mu>1$, 使得 $\mu z'+(1-\mu)x'\in C$. 于是

$$F(\mu z'+(1-\mu)x')=\mu z+(1-\mu)x\in F(C).$$

再次由命题 2.21, 知 $z\in\mathrm{ri}(F(C))$. 由 z 的任意性, 得证. □

推论 2.25 设 $C\subseteq\mathbb{E}$ 是凸集, $\lambda\in\mathbb{R}$. 则 $\mathrm{ri}(\lambda C)=\lambda\mathrm{ri}(C)$.

推论 2.26 设 $C_1,C_2\subseteq\mathbb{E}$ 是凸集. 则 $\mathrm{ri}(C_1+C_2)=\mathrm{ri}(C_1)+\mathrm{ri}(C_2)$.

2.4 锥与凸集的锥近似

本节介绍多种锥的定义与性质. 我们还将利用锥来刻画优化问题的最优性条件.

2.4.1 凸锥与锥包

定义 2.27 (锥 (cone)) 我们称非空集合 $K\subseteq\mathbb{E}$ 是锥, 如果对任意 $\lambda\geqslant 0$, $\lambda K\subseteq K$, 即 K 对非负数乘封闭.

根据我们的定义, 锥包含原点. 但在有些文献中, 锥的定义有所不同, 不必包含原点. 在我们的定义下, 线性变换保持锥但仿射变换不一定保持.

定义 2.28 (指向锥 (pointed cone)) 我们称锥 K 是指向的, 如果对任给 $p \in \mathbb{N}$, 任意 $x_i \in K$, $i = 1, \cdots, p$, 有

$$x_1 + \cdots + x_p = 0 \Rightarrow x_1 = \cdots = x_p = 0.$$

直观上看, 指向锥要求经过原点的边界张成的角度不超过 180°.

命题 2.29 (凸锥 (convex cone)) 设 $K \subseteq \mathbb{E}$ 是锥. 则 K 是凸集当且仅当 $K + K \subseteq K$.

证明 必要性: 对任意 $x, y \in K$, 由 $(x+y)/2 \in K$ 可推得 $x + y \in K$. 根据 x, y 的任意性, 即可得证.

充分性: 对任意 $x, y \in K$, $\lambda \in [0,1]$, $\lambda x + (1-\lambda)y \in K + K \subseteq K$. 因此 K 是凸集. □

命题 2.30 (凸锥的指向性) 设 $K \subseteq \mathbb{E}$ 是凸锥. 则 K 是指向的当且仅当 $K \cap (-K) = \{0\}$.

证明 必要性: 对任意 $x \in K \cap (-K)$, 显然 $-x \in K \cap (-K)$ 且 $x + (-x) = 0$. 由指向锥的定义, $x = 0$.

充分性: 假设 K 不是指向的. 则存在 $x_i \in K$, $i = 1, \cdots, p$, 使得 $x_1 + \cdots + x_p = 0$ 且存在 $j \in \{1, \cdots, p\}$, $x_j \neq 0$. 不妨设 $x_1 \neq 0$, $p \geqslant 2$. 则 $x_1 = -x_2 - x_3 - \cdots - x_p$ 且

$$-\frac{1}{p-1}x_1 = \frac{1}{p-1}(x_2 + x_3 + \cdots + x_p) \in K.$$

于是 $-x_1 \in K$. 又由 $-x_1 \in (-K)$, 有 $0 \neq -x_1 \in K \cap (-K)$, 矛盾. 于是得证. □

根据命题2.30, 并非所有的凸锥都是指向锥, 例如过原点的闭半空间.

例 2.31 (锥的例子)

- 非负卦限 (nonnegative orthant): 给定 $n \in \mathbb{N}$,

$$\mathbb{R}^n_+ := \{x \in \mathbb{R}^n \mid (-e_i)^{\mathrm{T}} x \leqslant 0,\ i = 1, \cdots, n\}$$

是凸锥, 也是多面体. 这里, $e_i \in \mathbb{R}^n$ 为第 i 个分量为 1, 其余分量为 0 的单位向量.

- 锥互补约束集 (cone complementarity constraint set): 设 $K \subseteq \mathbb{E}$ 是锥. 则

$$\Lambda := \{(x, y) \in \mathbb{E} \times \mathbb{E} \mid x, y \in K,\ \langle x, y \rangle = 0\}$$

是锥. 若 $K = \mathbb{R}^n$, 则 Λ 称为互补约束集. 特别地, 当 $n = 1$ 时, 互补约束集即为二维坐标轴.

- 对称半正定矩阵锥 (symmetric positive semidefinite matrix cone): 对给定 $n \in \mathbb{N}$, $\mathbb{S}^n_+$ 为指向凸锥.

对于一个给定的锥, 我们可以定义它的极锥.

定义 2.32 (极锥 (polar cone))　设 $K \subseteq \mathbb{E}$ 是锥. 其极锥定义为

$$K^\circ := \{d \in \mathbb{E} \mid \langle d, x\rangle \leqslant 0,\ \forall x \in K\}.$$

进一步, 可定义**双极锥** (bipolar cone)

$$K^{\circ\circ} := (K^\circ)^\circ$$

和**对偶锥** (dual cone)

$$K^* := -K^\circ.$$

若 $K^* = K$, 则称 K **自对偶** (self dual).

例如, 因为 $(\mathbb{R}^n_+)^* = \mathbb{R}^n_+$, 所以 $\mathbb{R}^n_+$ 是自对偶锥. 之后我们还将借助投影给出双极锥的刻画 (见命题2.67).

注释 2.33　从定义看, 极锥具有如下性质:

- 若 $\mathbb{E} = \mathbb{R}^n$, 在标准内积下, K° 中的任一元素与 K 中所有元素夹角均大于等于 $\pi/2$.
- K° 因为可以写成 $K^\circ = \bigcap_{x\in K}\{d \mid \langle d, x\rangle \leqslant 0\}$, 从而是若干闭凸集合的交集. 所以 K° 闭且凸, 进而若 K 自对偶, 则 K 闭且凸.
- 极化运算是反序的, 即若 $K_1 \subseteq K_2 \subseteq \mathbb{E}$ 是锥, 则 $K_2^\circ \subseteq K_1^\circ$.

例 2.34 (极锥的例子)

- $\{0\}^\circ = \mathbb{E}$, $\mathbb{E}^\circ = \{0\}$;
- 若 S 是子空间, 则 $S^\circ = S^\perp$;
- 设 $0 \neq w \in \mathbb{E}$, 则 $\{tw \mid t \geqslant 0\}^\circ = \{x \in \mathbb{E} \mid \langle w, x\rangle \leqslant 0\}$ 是半空间.

命题 2.35　对称半正定矩阵锥 (在 $\mathbb{S}^n$ 中) 是自对偶的.

证明　只证明 $\mathbb{S}^n_+$ 在 $\mathbb{S}^n$ 中是自对偶的, 即 $\mathbb{S}^n_+ = \{Y \in \mathbb{S}^n \mid \langle Y, X\rangle \geqslant 0, \forall X \succeq 0\} = \left(\mathbb{S}^n_+\right)^*$. 对任意 $Y \in \left(\mathbb{S}^n_+\right)^*$, 若 $Y \notin \mathbb{S}^n_+$, 则存在 $q \in \mathbb{R}^n$ 使得 $q^{\mathrm{T}}Yq = \operatorname{tr}(qq^{\mathrm{T}}Y) < 0$. 于是对 $X := qq^{\mathrm{T}} \in \mathbb{S}^n_+$, $\langle Y, X\rangle < 0$, 矛盾. 所以 $\left(\mathbb{S}^n_+\right)^* \subseteq \mathbb{S}^n_+$.

反过来, 任取 $X, Y \in \mathbb{S}^n_+$, 有谱分解 $X = \sum_{i=1}^n \lambda_i q_i q_i^{\mathrm{T}}$, $\lambda_i \geqslant 0$, $i = 1, 2, \cdots, n$. 因此

$$\langle Y, X\rangle = \operatorname{tr}\left(\sum_{i=1}^n \lambda_i Y q_i q_i^{\mathrm{T}}\right) = \sum_{i=1}^n \lambda_i q_i^{\mathrm{T}} Y q_i \geqslant 0,$$

从而根据定义就有 $Y \in (\mathbb{S}^n_+)^*$. 所以 $\mathbb{S}^n_+ \subseteq (\mathbb{S}^n_+)^*$.　□

因为锥的任意交还是锥, 所以我们可定义凸锥包与闭凸锥包.

定义 2.36 (凸锥包 (convex conical hull) 与闭凸锥包 (closed convex conical hull)) 设 $S \subseteq \mathbb{E}$ 非空. S 的凸锥包定义为

$$\operatorname{cone}(S) := \bigcap_{\substack{S \subseteq M \\ M\text{是凸锥}}} M.$$

进一步定义闭凸锥包

$$\overline{\operatorname{cone}}(S) := \operatorname{cl}(\operatorname{cone}(S)).$$

注释 2.37

• 可以证明 $\overline{\operatorname{cone}}(S) = \bigcap_{\substack{S \subseteq M \\ M\text{是闭凸锥}}} M$.

• 凸锥包的定义中 cl 与 cone 的顺序不能交换, 即一般 $\operatorname{cl}(\operatorname{cone}(S)) \neq \operatorname{cone}(\operatorname{cl}(S))$. 例如, 设 $\mathbb{E} = \mathbb{R}^2$, $S := \{(x, y) \mid y > 1\}$, 有

$$\operatorname{cone}(S) = \operatorname{cone}(\operatorname{cl}(S)) \subsetneq \operatorname{cl}(\operatorname{cone}(S)).$$

不过, 在给定一些特殊条件时, 二者相等.

命题 2.38 设 $S \subseteq \mathbb{E}$ 非空. 以下结论成立:

(1) $\operatorname{cone}(S) = C(S) = \mathbb{R}_+(\operatorname{conv}(S)) = \operatorname{conv}(\mathbb{R}_+ S)$, 其中

$$C(S) := \left\{ \sum_{i=1}^{r} \lambda_i x_i \,\middle|\, r \in \mathbb{N},\ x_i \in S,\ \lambda_i \geqslant 0,\ i = 1, \cdots, r \right\};$$

(2) 若 S 紧且 $0 \notin \operatorname{conv}(S)$, 则 $\overline{\operatorname{cone}}(S) = \operatorname{cone}(S)$.

证明 (1) $\operatorname{cone}(S) \subseteq C(S)$: 显然 $C(S)$ 是包含 S 的凸锥. 由 cone 的定义即可得证.

$C(S) \subseteq \mathbb{R}_+(\operatorname{conv}(S))$: 任取 $x \in C(S)$, 有表示 $x = \sum_{i=1}^r \lambda_i x_i$, 其中 $r \in \mathbb{N}$, $\{x_i\}_{i=1}^r \subseteq S$, $\{\lambda_i\}_{i=1}^r \subseteq \mathbb{R}_+$. 记 $\lambda := \sum_{i=1}^r \lambda_i$. 若 $\lambda = 0$, 则 $x = 0$, 显然 $0 \in \mathbb{R}_+(\operatorname{conv}(S))$. 若 $\lambda > 0$, 则 $x/\lambda \in \operatorname{conv}(S)$, 于是 $x \in \mathbb{R}_+(\operatorname{conv}(S))$.

$\mathbb{R}_+(\operatorname{conv}(S)) \subseteq \operatorname{conv}(\mathbb{R}_+ S)$: 任取 $x \in \mathbb{R}_+(\operatorname{conv}(S))$, 有表示 $x = \lambda \sum_{i=1}^r \alpha_i x_i$, 其中 $\lambda \geqslant 0$, $(\alpha_i)_{i=1}^r \in \Delta_r$, $\{x_i\}_{i=1}^r \subseteq S$. 由 $\lambda x_i \in \mathbb{R}_+ S$ $(i = 1, \cdots, r)$, 有 $x = \sum_{i=1}^r \alpha_i(\lambda x_i) \in \operatorname{conv}(\mathbb{R}_+ S)$.

$\operatorname{conv}(\mathbb{R}_+ S) \subseteq \operatorname{cone}(S)$: 任取 $x \in \operatorname{conv}(\mathbb{R}_+ S)$, 有表示 $x = \sum_{i=1}^r \alpha_i \lambda_i x_i$, 其中 $(\alpha_i)_{i=1}^r \in \Delta_r$, $\{\lambda_i\}_{i=1}^r \subseteq \mathbb{R}_+$, $\{x_i\}_{i=1}^r \subseteq S$. 由 $\operatorname{cone}(S)$ 是凸锥且包含 S, 有 $\lambda_i x_i \in \operatorname{cone}(S)$ $(i = 1, \cdots, r)$, 进而 $x = \sum_{i=1}^r \alpha_i(\lambda_i x_i) \in \operatorname{cone}(S)$.

(2) 根据命题2.8, 由 S 紧有 $\operatorname{conv}(S)$ 紧. 往证 $\operatorname{cone}(S) = \mathbb{R}_+(\operatorname{conv}(S))$ 闭. 任取 $\operatorname{cone}(S)$ 中的序列 $\{y_k\} \to y$. 对任意 $k \in \mathbb{N}$, 存在 $t_k \geqslant 0$, $x_k \in \operatorname{conv}(S)$, 使得 $y_k = t_k x_k$. 由 $\operatorname{conv}(S)$ 紧, 不妨设 $x_k \to x \in \operatorname{conv}(S)$. 由假设, $x \neq 0$. 于是 $t_k = \|y_k\| / \|x_k\| \to \|y\| / \|x\| =: t \geqslant 0$. 因此 $y = tx \in \operatorname{cone}(S)$. 得证. □

注释 2.39 当 $0 \in \mathrm{conv}(S)$ 时, 命题2.38(2) 不一定成立. 考虑 $\mathbb{E}=\mathbb{R}^2$, $S=\{y \mid y=x^2,\ x\in[0,1]\}$. 易知 $\mathrm{conv}(S)=\{y \mid y\leqslant x \text{ 且 } y\geqslant x^2,\ x\in[0,1]\}$, $\mathrm{cone}(S)$ 不包含 $\mathbb{R}_+$, 但 $\overline{\mathrm{cone}}(S)$ 包含. 此例也可再次说明一般 $\mathrm{cl}(\mathrm{cone}(S))\neq \mathrm{cone}(\mathrm{cl}(S))$.

2.4.2 切锥与法锥

切锥与法锥在刻画优化问题的最优性条件时具有重要作用. 具体还可参见2.7.2节.

定义 2.40 (切锥 (tangent cone)) 设 $S\subseteq\mathbb{E}$, $\overline{x}\in S$. 我们称

$$T_S(\overline{x})=\left\{d \mid \exists S\supseteq\{x_k\}\to\overline{x},\ \{t_k\}\to 0^+,\ \lim_{k\to\infty}(x_k-\overline{x})/t_k=d\right\}$$

为 S 在 $\overline{x}$ 处的 (Bouligand) 切锥.

命题 2.41 设 $S\subseteq\mathbb{E}$, $\overline{x}\in S$. 则 $T_S(\overline{x})$ 是闭锥.

证明 任取 $T_S(\overline{x})$ 中的 $\{d_j\}\to d$. 则对任意 j, 存在 S 中 $\{x_k^j\}\to\overline{x}$ 和 $\{t_k^j\}\to 0^+$ 使得

$$\lim_{k\to\infty}\frac{x_k^j-\overline{x}}{t_k^j}=d_j.$$

于是存在 $k(j)\in\mathbb{N}$ 使得

$$\left\|\frac{x_{k(j)}^j-\overline{x}}{t_{k(j)}^j}-d_j\right\|<\frac{1}{j},\quad \left\|x_{k(j)}^j-\overline{x}\right\|<\frac{1}{j},\quad \text{且 } \left|t_{k(j)}^j\right|<\frac{1}{j}.$$

记 $x_j:=x_{k(j)}^j$, $t_j:=t_{k(j)}^j$, 则 $x_j\to\overline{x}$, $t_j\to 0$ 且

$$\left\|\frac{x_j-\overline{x}}{t_j}-d\right\|\leqslant\frac{1}{j}+\|d_j-d\|\to 0\quad (j\to\infty).$$

因此 $d\in T_S(\overline{x})$. □

注释 2.42 切锥不一定是凸的, 如 $K=\{(x,y)\in\mathbb{R}^2 \mid x,y\geqslant 0,\ xy=0\}$, $T_K(0)=K$.

下面的命题2.44 表明非空凸集的切锥一定是凸锥.

引理 2.43 若 C 是非空凸集, 则对任意 $\overline{x}\in C$, 有 $C-\overline{x}\subseteq T_C(\overline{x})$.

证明 对任意 $x\in C$, 取 $\{t_k\in[0,1]\}\to 0^+$, 令 $x_k:=\overline{x}+t_k(x-\overline{x})=(1-t_k)\overline{x}+t_kx\in C$, 则有

$$\lim_{k\to\infty}x_k=\overline{x}\quad \text{且}\quad \lim_{k\to\infty}\frac{x_k-\overline{x}}{t_k}=x-\overline{x}.$$

故 $x-\overline{x}\in T_C(\overline{x})$. 得证. □

命题 2.44 (凸集的切锥) 设 $C \subseteq \mathbb{E}$ 非空凸, $\overline{x} \in C$. 则

$$T_C(\overline{x}) = \overline{\text{cone}}(C - \overline{x}) = \text{cl}(\text{cone}(C - \overline{x})) = \text{cl}(\mathbb{R}_+(C - \overline{x})).$$

特别地, $T_C(\overline{x})$ 是闭凸锥.

证明 由命题2.38, 有

$$\overline{\text{cone}}(C - \overline{x}) = \text{cl}(\text{cone}(C - \overline{x})) = \text{cl}(\mathbb{R}_+\text{conv}(C - \overline{x})) = \text{cl}(\mathbb{R}_+(C - \overline{x})).$$

下证 $T_C(\overline{x}) = \text{cl}(\mathbb{R}_+(C - \overline{x}))$. 一方面, 由引理2.43, $C - \overline{x} \subseteq T_C(\overline{x})$, 进而 $\text{cl}(\mathbb{R}_+(C - \overline{x})) \subseteq T_C(\overline{x})$. 另一方面, 对任意 $d \in T_C(\overline{x})$, 存在 C 中 $\{x_k\} \to \overline{x}$, $\{t_k > 0\} \to 0$ 使得 $(x_k - \overline{x})/t_k \to d$. 由于 $(x_k - \overline{x})/t_k \in \mathbb{R}_+(C - \overline{x})$, 因此 $d \in \text{cl}(\mathbb{R}_+(C - \overline{x}))$, 即 $T_C(\overline{x}) \subseteq \text{cl}(\mathbb{R}_+(C - \overline{x}))$. □

对闭锥, 其切锥满足如下性质.

命题 2.45 (闭锥的切锥) 设 $K \subseteq \mathbb{E}$ 是闭锥. 则

(1) $T_K(0) = K$;

(2) 对任意 $\overline{x} \in K$, $\mathbb{R}_+\{\overline{x}\} \subseteq T_K(\overline{x})$.

定义 2.46 (法锥 (normal cone)) 设 $C \subseteq \mathbb{E}$, $\overline{x} \in C$. 我们称 $N_C(\overline{x}) := (T_C(\overline{x}))^\circ$ 为 C 在 $\overline{x}$ 处的 (Fréchet) 法锥.

在某些特殊的情形下, 计算法锥无需经过切锥.

命题 2.47 (凸集的法锥) 设 $C \subseteq \mathbb{E}$ 非空凸, $\overline{x} \in C$. 则

$$N_C(\overline{x}) = \{v \in \mathbb{E} \mid \langle v, x - \overline{x} \rangle \leqslant 0, \ \forall x \in C\}.$$

证明 为证明此命题, 我们只需证明①

$$(\overline{\text{cone}}(C))^\circ = \{w \in \mathbb{E} \mid \langle w, x \rangle \leqslant 0, \ \forall x \in C\}.$$

若上式成立, 则根据 $N_C(\overline{x}) = (T_C(\overline{x}))^\circ = (\overline{\text{cone}}(C - \overline{x}))^\circ$ (其中第二个等号使用了命题2.44), 我们有

$$\begin{aligned} N_C(\overline{x}) &= \{w \in \mathbb{E} \mid \langle w, x \rangle \leqslant 0, \ \forall x \in C - \overline{x}\} \\ &= \{w \in \mathbb{E} \mid \langle w, x - \overline{x} \rangle \leqslant 0, \ \forall x \in C\}, \end{aligned}$$

即可得证. 下面证明 $(\overline{\text{cone}}(C))^\circ$ 的这一表示.

一方面, 由于 $C \subseteq \overline{\text{cone}}(C)$, 利用极锥的反序性即可证明 "$\subseteq$". 另一方面, 令 w 使得 $\langle w, x \rangle \leqslant 0$ 对任意 $x \in C$ 成立. 再任取 $y \in \text{cone}(C)$, 存在表示 $y =$

① 注意 $\overline{\text{cone}}(C)$ 的原始定义需要将上式中的 "$\forall x \in C$" 改成 "$\forall x \in \overline{\text{cone}}(C)$".

$\sum_{i=1}^r \lambda_i x_i$, 其中 $x_i \in C$, $\lambda_i \geqslant 0$ $(i=1,\cdots,r)$. 那么 $\langle w,y\rangle = \sum_{i=1}^r \lambda_i \langle y,x_i\rangle \leqslant 0$. 因此, $\langle w,y\rangle \leqslant 0$ 对任意 $y \in \mathrm{cone}(C)$ 均成立. 由于带等号的不等式在极限下保持, 我们有 $w \in (\overline{\mathrm{cone}}(C))^\circ$. □

注释 2.48 命题2.47中的凸性不可去. 反例可考虑单位圆周.

推论 2.49 设 $K \subseteq \mathbb{E}$ 是非空闭凸锥. 则

$$N_K(\overline{x}) = \{\overline{x}\}^\perp \cap K^\circ = \{v \in K^\circ \mid \langle v,\overline{x}\rangle = 0\}.$$

特别地, $N_K(0) = K^\circ$.

证明 若 $\overline{x}=0$, 由命题2.45, $T_K(0)=K$, 于是 $N_K(0)=(T_K(0))^\circ = K^\circ$. 若 $\overline{x}\neq 0$, 再由命题2.45, $\mathbb{R}_+\{\overline{x}\} \subseteq T_K(\overline{x})$, 于是 $N_K(\overline{x}) \subseteq \{\overline{x}\}^\perp$. 任取 $v \in N_K(\overline{x})$, 因为 $v \in \{\overline{x}\}^\perp$, 所以对任意 $x \in K$, $\langle v,x\rangle \leqslant 0$, 即 $v \in K^\circ$. 所以 $N_K(\overline{x}) \subseteq \{\overline{x}\}^\perp \cap K^\circ$. 另一方面, 对任意 $v \in \{\overline{x}\}^\perp \cap K^\circ$, 有

$$\langle v, x-\overline{x}\rangle = \langle v,x\rangle - \langle v,\overline{x}\rangle = \langle v,x\rangle \leqslant 0, \quad \forall x \in K.$$

所以 $v \in N_K(\overline{x})$. 因此 $\{\overline{x}\}^\perp \cap K^\circ \subseteq N_K(\overline{x})$. □

切锥与法锥常被用来刻画优化问题的最优性条件. 我们首先回顾优化问题(全局或局部) 极小点的定义.

定义 2.50 (极小点 (minimizer)) 设 $f:\mathbb{E}\to\overline{\mathbb{R}}$, $C \in \mathbb{E}$. 则 $\overline{x} \in \mathbb{E}$ 是 f 在 C 上的 (全局) 极小点, 如果 $\overline{x} \in \arg\min_C f$. 若存在 $\varepsilon > 0$, 使得 $\overline{x} \in \arg\min_{B_\varepsilon(\overline{x})\cap C} f$, 则称 $\overline{x}$ 为局部极小点.

一般地, 最优性条件有以下这三种:

- 必要条件: x 是极小点 $\Rightarrow$ x 满足条件;
- 充分条件: x 满足条件 $\Rightarrow$ x 是极小点;
- 充要条件: x 是极小点 $\Leftrightarrow$ x 满足条件.

利用切锥与法锥, 对优化问题的局部极小点, 有如下必要最优性条件.

定理 2.51 (基本一阶最优性条件) 设 $f:\mathbb{E}\to\mathbb{R}$ 连续可微, $C\subseteq\mathbb{E}$ 非空, $\overline{x}$ 是优化问题

$$\begin{aligned} \min \quad & f(x), \\ \text{s.t.} \quad & x \in C \end{aligned}$$

的局部极小点. 则

(1) 对任意 $d \in T_C(\overline{x})$, 有 $\langle \nabla f(\overline{x}), d\rangle \geqslant 0$.

(2) $0 \in \nabla f(\overline{x}) + N_C(\overline{x})$. 若进一步 C 是凸集, 则对任意 $x \in C$, 有 $\langle \nabla f(\overline{x}), x-\overline{x}\rangle \geqslant 0$.

证明 (1) 对任意 $d \in T_C(\overline{x})$, 存在 C 中 $\{x_k\} \to \overline{x}$ 与 $\{t_k > 0\} \to 0$ 使得 $(x_k - \overline{x})/t_k \to d$. 由微分中值定理, 对任意 $k \in \mathbb{N}$, 存在 $\xi_k \in [x_k, \overline{x}]$ 使得 $f(x_k) - f(\overline{x}) = \langle \nabla f(\xi_k), x_k - \overline{x} \rangle$. 由于 $\overline{x}$ 是局部极小点, 当 k 充分大时, 有 $0 \leqslant f(x_k) - f(\overline{x})$. 再由 ∇f 的连续性,

$$0 \leqslant \lim_{k\to\infty} \left\langle \nabla f(\xi_k), \frac{x_k - \overline{x}}{t_k} \right\rangle = \langle \nabla f(\overline{x}), d \rangle .$$

(2) 由 (1) 及法锥的定义, 有 $-\nabla f(\overline{x}) \in N_C(\overline{x})$. 这等价于 $0 \in \nabla f(\overline{x}) + N_C(\overline{x})$. 当 C 是凸集时, 由命题 2.47 即可得证. □

当 C 是凸集时, 定理 2.51 的结论表明, 若 $\overline{x}$ 是局部极小点, 则在 $\overline{x}$ 处, 指向 C 方向导数都非负. 几何上看, 从 $\overline{x}$ 出发, 向 C 的哪个方向走都不会带来函数值的下降.

推论 2.52 (定理 2.51 的无约束情形) 设 $f : \mathbb{E} \to \mathbb{R}$ 连续可微, $\overline{x}$ 是 $\min_{\mathbb{E}} f(x)$ 的局部极小点. 则 $\nabla f(\overline{x}) = 0$.

证明 直接由定理 2.51, 令其中 $C = \mathbb{E}$, 并注意到 $N_{\mathbb{E}}(\overline{x}) = \{0\}$ 即得证. □

事实上, 若 $\overline{x} \in \operatorname{int}(C)$, 推论 2.52 的结论也成立.

2.4.3 地平锥与回收锥

下面定义的地平锥考虑了集合的无界性.

定义 2.53 (地平锥 (horizon cone)) 设 $S \subseteq \mathbb{E}$ 非空. S 的地平锥定义为

$$S^\infty := \{v \in \mathbb{E} \mid \exists \{x_k\} \subseteq S,\ \{t_k > 0\} \to 0,\ t_k x_k \to v\}.$$

规定 $\varnothing^\infty = \{0\}$.

引理 2.54 对任意 $S \subseteq \mathbb{E}$, 其地平锥是闭的.

证明 与命题 2.41 的证明类似. □

命题 2.55 (有界性等价于地平锥为 0) 集合 $S \subseteq \mathbb{E}$ 有界当且仅当 $S^\infty = \{0\}$.

证明 必要性: 若 S 有界, 则对任何 $\{x_k\} \subseteq S$, $\{t_k > 0\} \to 0$ 都有 $t_k x_k \to 0$. 故 $S^\infty = \{0\}$.

充分性: 假设 S 无界, 则存在 $\{x_k\} \subseteq S$, $\|x_k\| \to \infty$. 取 $t_k := 1/\|x_k\| \to 0$, 则 $\{t_k x_k = x_k/\|x_k\|\}$ 在单位球面上, 因此有收敛子列. 记 v 是 $\{x_k/\|x_k\|\}$ 的一个聚点, 则 $0 \neq v \in S^\infty$, 矛盾. 因此, S 有界. □

定义 2.56 (回收锥 (recession cone)) 设 $C \subseteq \mathbb{E}$ 非空凸. C 的回收锥定义为

$$\mathrm{O}^+(C) := \{v \mid x + \lambda v \in C,\ \forall x \in C,\ \lambda \geqslant 0\}.$$

不难看出, $O^+(C)$ 是凸锥. 对比回收锥和地平锥的定义, 回收锥更像是可行方向的集合, 而地平锥则是可行方向的极限. 二者存在如下关系.

命题 2.57 设 $C \subseteq \mathbb{E}$ 非空凸. 则 $C^\infty = O^+(\mathrm{cl}(C))$. 特别地, 若 C 凸则 C^∞ 凸.

证明 一方面, 对任意 $v \in C^\infty$, 存在 $\{x_k\} \subseteq C$, $\{t_k > 0\} \to 0$ 使得 $t_k x_k \to v$. 任取 $x \in C$, $\lambda \geqslant 0$. 当 k 充分大时, 有 $(1-\lambda t_k)x + \lambda t_k x_k \in C$. 于是 $x + \lambda v = \lim_{k\to\infty}(1-\lambda t_k)x + \lambda t_k x_k \in \mathrm{cl}(C)$, 即 $C^\infty \subseteq O^+(\mathrm{cl}(C))$.

另一方面, 任取 $v \in O^+(\mathrm{cl}(C))$, 对任意 $x \in C$, $\lambda \geqslant 0$, $x + \lambda v \in \mathrm{cl}(C)$. 于是存在 $\{x_k\} \subseteq C$ 使得 $\|x + kv - x_k\| \leqslant 1/k$. 令 $\lambda_k := 1/k$, 有

$$\|v - \lambda_k x_k\| \leqslant \frac{1}{k}(\|x\| + \|x + kv - x_k\|) \to 0,$$

即 $\lambda_k x_k \to v$. 故 $v \in C^\infty$, $O^+(\mathrm{cl}(C)) \subseteq C^\infty$. □

推论 2.58 设 $C \subseteq \mathbb{E}$ 非空闭凸. 则 $C^\infty = O^+(C)$.

下面利用回收锥, 我们讨论地平锥在几个集合运算下的性质.

命题 2.59 (地平锥的交与并) 设有一族集合 $C_i \subseteq \mathbb{E}$, $i \in I$. 则

(1) $(\bigcap_{i\in I} C_i)^\infty \subseteq \bigcap_{i\in I} C_i^\infty$. 若对任意 $i \in I$, C_i 闭凸且 $\bigcap_{i\in I} C_i \neq \varnothing$, 则 $(\bigcap_{i\in I} C_i)^\infty = \bigcap_{i\in I} C_i^\infty$.

(2) $(\bigcup_{i\in I} C_i)^\infty \supseteq \bigcup_{i\in I} C_i^\infty$. 当 $|I|$ 有限时, $(\bigcup_{i\in I} C_i)^\infty = \bigcup_{i\in I} C_i^\infty$.

证明 (1) 对任意 $v \in (\bigcap_{i\in I} C_i)^\infty$, 存在 $\{x_k\} \subseteq \bigcap_{i\in I} C_i$, $\{\lambda_k > 0\} \to 0$ 使得 $\lambda_k x_k \to v$. 由 $\{x_k\} \subseteq C_i$, 有 $v \in C_i^\infty$ (任意 $i \in I$), 从而 $x \in \bigcap_{i\in I} C_i^\infty$.

当 C_i 闭凸且 $\bigcap_{i\in I} C_i \neq \varnothing$ 时, 由推论 2.58, 有

$$\left(\bigcap_{i\in I} C_i\right)^\infty = O^+\left(\bigcap_{i\in I} C_i\right), \quad \bigcap_{i\in I} C_i^\infty = \bigcap_{i\in I} O^+(C_i).$$

任取 $v \in \bigcap_{i\in I} O^+(C_i)$, 有 $v \in O^+(C_i)$ $(i \in I)$. 根据假设, 任取 $x \in \bigcap_{i\in I} C_i \neq \varnothing$, $\lambda \geqslant 0$. 由 $v \in O^+(C_i)$ 有 $\lambda v + x \in C_i$ $(i \in I)$, 即 $\lambda v + x \in \bigcap_{i\in I} C_i$. 故 $v \in O^+(\bigcap_{i\in I} C_i)$.

(2) 对任意 $v \in \bigcup_{i\in I} C_i^\infty$, 存在 $j \in I$, $v \in C_j^\infty$. 因此存在 $\{x_k\} \subseteq C_j$, $\{\lambda_k > 0\} \to 0$ 使得 $\lambda_k x_k \to v$. 由 $\{x_k\} \subseteq C_j \subseteq \bigcup_{i\in I} C_i$, 有 $v \in (\bigcup_{i\in I} C_i)^\infty$.

假设 I 为有限集. 对任意 $v \in (\bigcup_{i\in I} C_i)^\infty$, 存在 $\{x_k\} \subseteq \bigcup_{i\in I} C_i$, $\{\lambda_k > 0\} \to 0$ 使得 $\lambda_k x_k \to v$. 由 $|I|$ 有限, 因此存在 $j \in I$ 及子列 $\{x_{k_l}\}_l \subseteq C_j$, $\{\lambda_{k_l} > 0\}_l \to 0$ 使得 $\lambda_{k_l} x_{k_l} \to v$, 即 $v \in C_j^\infty$, 进而 $v \in \bigcup_{i\in I} C_i^\infty$. □

借助地平锥, 我们可以得到线性算子是闭算子的一个充分条件.

定理 2.60 (闭集的像是闭集) 设 $L \in \mathcal{L}(\mathbb{E}_1, \mathbb{E}_2)$, $C \subseteq \mathbb{E}_1$ 闭. 若 $\ker(L) \cap C^\infty = \{0\}$, 则 $L(C)$ 闭. 特别地, 若 L 单射或 C 有界, 则 $L(C)$ 是闭集.

证明 先证在 $\ker(L) \cap C^\infty = \{0\}$ 时, 若 $\{x_k\} \subseteq C$ 无界, 则 $\{L(x_k)\}$ 也无界. 假设上述宣称不成立, 则存在无界 $\{x_k\} \subseteq C$, 但 $\{L(x_k)\}$ 有界. 不妨设 $\|x_k\| \to \infty$, $x_k / \|x_k\| \to \overline{x} \in C^\infty \setminus \{0\}$. 另一方面, 从

$$L(\overline{x}) = \lim_{k\to\infty} \frac{1}{\|x_k\|} L(x_k) = 0$$

可知 $\overline{x} \in \ker(L) \cap C^\infty$. 这与条件矛盾, 故宣称成立.

再来证原结论. 任取 $\{u_k\} \subseteq L(C) : u_k \to u$. 对任意 $k \in \mathbb{N}$, 存在 $x_k \in C$ 使得 $L(x_k) = u_k$. 由于 $\{u_k = L(x_k)\}$ 收敛, 因此 $\{x_k\}$ 有界. 再由 C 是闭集, $\{x_k\}$ 有聚点 $\overline{x} \in C$. 最后由 L 的连续性, $L(\overline{x}) = u \in L(C)$, 从而 $L(C)$ 是闭集. □

注释 2.61 定理2.60的条件不是完全必要的. 下面举出一些例子.

• 当 $\ker(L) \cap C^\infty \neq \{0\}$ 时, 结论可能不成立.

$-C = \{(\arctan k, k),\ k \in \mathbb{N}\} \subseteq \mathbb{R}^2,\ L : \mathbb{R}^2 \to \mathbb{R},\ L(x,y) = x,\ C^\infty = \{t(0,1) \mid t \in \mathbb{R}\},\ \ker(L) = \{(0,y) \mid y \in \mathbb{R}\}$.

$-C = \{(x,y) \in \mathbb{R}^2 \mid xy = 1\},\ C^\infty = \{\mathbb{R} \times \{0\}\} \cup \{\{0\} \times \mathbb{R}\},\ L : \mathbb{R}^2 \to \mathbb{R}^2,\ L(x,y) = (x,0),\ \ker(L) = \{0\} \times \mathbb{R}$.

• $\ker(L) \cap C^\infty = \{0\}$ 是不必要的.

$C = \{(x,0) \mid x \in \mathbb{R}\} \subseteq \mathbb{R}^2,\ L : \mathbb{R}^2 \to \mathbb{R}^2,\ L(x,y) = (0,0),\ C^\infty = C,\ \ker(L) = \mathbb{R}^2,\ \ker(L) \cap C^\infty \neq \{0\}$.

2.5 到闭凸集上的投影

本节考虑如下优化问题

$$\inf_C \frac{1}{2} \|v - x\|^2, \tag{2.5.1}$$

其中 $C \subseteq \mathbb{E}$ 非空, $x \in \mathbb{E}$. 我们首先讨论问题的性质与解的关系, 即什么时候有解, 什么时候解唯一, 或简称解的适定性.

引理 2.62 设 $x \in \mathbb{E}$ 且 $C \subseteq \mathbb{E}$. 则

(1) 若 C 闭, 则优化问题 (2.5.1) 至少有一解;

(2) 若 C 凸, 则优化问题 (2.5.1) 至多有一解.

证明 令 $f(v) = \|v - x\|^2 / 2 + \delta_C(v)$.

(1) 由 f 是下半连续且水平集有界的, 根据定理1.15即可得证.

(2) 假设 $v_1, v_2 \in \arg\min_C \|v - x\|^2/2$, 则 $\overline{v} := (v_1 + v_2)/2 \in C$ 且

$$f(\overline{v}) = \frac{1}{2}(f(v_1) + f(v_2)) - \frac{1}{8}\|v_1 - v_2\|^2.$$

于是 $v_1 = v_2$. 否则, $f(\overline{v}) < f(v_1)$ (或 $f(v_2)$), 与 v_1, v_2 的最优性矛盾. □

有了引理 2.62, 我们就可以定义投影映射.

定义 2.63 (投影 (projection)) 设 $C \subseteq \mathbb{E}$ 非空闭凸. 定义映射 $P_C : \mathbb{E} \to C$ 为

$$P_C(x) := \arg\min_{v \in C} \frac{1}{2}\|v - x\|^2,$$

称 $P_C(x)$ 为 x 到 C 上的投影.

不难看出, $x = P_C(x)$ 当且仅当 $x \in C$.

下面的定理 2.64 提供了判定投影的方法, 或者也可以看作优化问题 (2.5.1) 的充要最优性条件.

定理 2.64 (投影定理) 设 $C \subseteq \mathbb{E}$ 非空闭凸, $x \in \mathbb{E}$. 则 $\overline{v} = P_C(x)$ 当且仅当

$$\overline{v} \in C, \quad \langle \overline{v} - x, v - \overline{v} \rangle \geqslant 0, \quad \forall v \in C. \tag{2.5.2}$$

证明 必要性: 记 $g(v) := \|v - x\|^2/2$, 则 $\nabla g(\overline{v}) = \overline{v} - x$. 由定理 2.51,

$$\langle \overline{v} - x, v - \overline{v} \rangle \geqslant 0, \quad \forall x \in C.$$

充分性: 对任意 $v \in C$, 有

$$\begin{aligned}
0 &\geqslant \langle x - \overline{v}, v - \overline{v} \rangle \\
&= \langle x - \overline{v}, v - x + x - \overline{v} \rangle \\
&= \|x - \overline{v}\|^2 + \langle x - \overline{v}, v - x \rangle \\
&\geqslant \|x - \overline{v}\|^2 - \|x - \overline{v}\|\|v - x\| \\
&= \|x - \overline{v}\|(\|x - \overline{v}\| - \|v - x\|).
\end{aligned}$$

于是 $\|x - \overline{v}\| \leqslant \|x - v\|$. 这表明 $\overline{v} = P_C(x)$. □

从上面的定理 2.64 的证明中, 不难看出到闭凸集上的投影与法锥是密切相关的. 下面陈述一个不严格的推论. 它提供了一种计算投影的方式.

推论 2.65 设 $C \subseteq \mathbb{E}$ 非空闭凸. 则 $P_C = (N_C + \mathrm{id})^{-1}$.

证明 对任意 $x \in \mathbb{E}$, 有

$$\begin{aligned}
\bar{v} = P_C(x) &\Leftrightarrow \bar{v} \in C,\ \langle x - \bar{v}, v - \bar{v} \rangle \leqslant 0, \quad \forall v \in C \\
&\Leftrightarrow \bar{v} \in C,\ x - \bar{v} \in N_C(\bar{v}) \\
&\Leftrightarrow \bar{v} \in C,\ x \in N_C(\bar{v}) + \bar{v} = (N_C + \mathrm{id})\bar{v}.
\end{aligned}$$

因此 $x \in (N_C + \mathrm{id})P_C(x)$. □

命题 2.66 (到闭凸锥上的投影) 设 $K \subseteq \mathbb{E}$ 是闭凸锥且 $x \in \mathbb{E}$. 则 $\overline{v} = P_K(x)$ 当且仅当 $\overline{v} \in K$, $x - \overline{v} \in K^\circ$, 且 $\langle x - \overline{v}, \overline{v} \rangle = 0$.

证明 必要性: 由定理 2.64, $\overline{v} = P_K(x) \in K$,

$$\langle x - \overline{v}, y - \overline{v} \rangle \leqslant 0, \quad \forall y \in K.$$

任取 $\alpha \geqslant 0$, 令 $y = \alpha\overline{v} \in K$, 则 $(\alpha - 1)\langle x - \overline{v}, \overline{v} \rangle \leqslant 0$. 由于 $\alpha - 1$ 可正可负, 有 $\langle x - \overline{v}, \overline{v} \rangle = 0$. 于是 $\langle x - \overline{v}, y \rangle \leqslant 0$, 即 $x - \overline{v} \in K^\circ$.

充分性: 对任意 $y \in K$,

$$\begin{aligned}
\frac{1}{2}\|x - y\|^2 &= \frac{1}{2}\|(x - \overline{v}) + (\overline{v} - y)\|^2 \\
&\geqslant \frac{1}{2}\|x - \overline{v}\|^2 + \langle x - \overline{v}, \overline{v} - y \rangle \\
&= \frac{1}{2}\|x - \overline{v}\|^2 - \langle x - \overline{v}, y \rangle \\
&\geqslant \frac{1}{2}\|x - \overline{v}\|.
\end{aligned}$$

即 $\overline{v} = P_K(x)$. □

相比于定理 2.64, 命题 2.66 对到闭凸锥投影的等价刻画不需要考虑 K 中的任一元素, 而只需考虑 x, $P_K(x)$ 与 $x - P_K(x)$.

另外, 命题 2.66还指出了这样一件事: 任意 $\mathbb{E}$ 中的 x 可以分解成 K, K° 中两个向量 $P_K(x)$, $x - P_K(x)$ 的和, 并且这两个向量是正交的 (或可以看成一种互补型条件). 这类似于空间的直和分解, 并启发了空间对锥的 Moreau 分解.

在讨论 Moreau 分解前, 我们先回顾空间的正交直和分解. 对于任一子空间 $U \subseteq \mathbb{E}$, 有 $\mathbb{E} = U + U^\perp$, 且对任何 $x \in \mathbb{E}$, 存在唯一分解 $x = u + u'$, $u \in U$, $u' \in U^\perp$, 并且 $P_U(x) = u$:

$$\|P_U(x) - x\|^2 = \|P_U(x) - u - u'\|^2 = \|P_U(x) - u\|^2 + \|u'\|^2 \geqslant \|u'\|^2 = \|u - x\|^2.$$

利用投影, 我们给出双极锥的刻画.

命题 2.67 设 $\varnothing \neq C \subseteq \mathbb{E}$. 则下述结论成立:

(1) $C^\circ = (\mathrm{cl}(C))^\circ = (\mathrm{conv}(C))^\circ = (\mathrm{cone}(C))^\circ$.

(2) 若 C 是锥, 则 $C^{\circ\circ} = \mathrm{cl}(\mathrm{conv}(C))$. 特别地, 若 C 是闭凸锥, 则 $C^{\circ\circ} = C$.

证明 (1) 由极锥的反序性, $C^\circ \supseteq (\mathrm{cl}(C))^\circ$. 反过来, 对任意 $y \in C^\circ$, 任取 $\{x_k\} \subseteq C$, $\langle y, x_k \rangle \leqslant 0$ (任意 k). 于是若 $x_k \to x \in \mathrm{cl}(C)$, 就有 $\langle y, x \rangle \leqslant 0$. 因此 $y \in (\mathrm{cl}(C))^\circ$, 进而 $C^\circ \subseteq (\mathrm{cl}(C))^\circ$.

再次由极锥的反序性, $(\mathrm{conv}(C))^\circ \subseteq C^\circ$. 反过来, 对任意 $y \in C^\circ$, $x \in C$, $\langle y, x\rangle \leqslant 0$. 由定理2.6, 就有 $\langle y, z\rangle \leqslant 0$ (任意 $z \in \mathrm{conv}(C)$). 因此 $y \in (\mathrm{conv}(C))^\circ$, $C^\circ \subseteq (\mathrm{conv}(C))^\circ$. $(\mathrm{cone}(C))^\circ = C^\circ$ 的证明则需利用命题2.38.

(2) 我们先证明 C 是闭凸锥的情形. 首先, 对任意 $x \in C$, $y \in C^\circ$, $\langle x, y\rangle \leqslant 0$, 于是 $C \subseteq C^{\circ\circ}$. 另一方面, 任取 $z \in C^{\circ\circ}$, 令 $\bar{z} := P_C(z)$, 从而 $\langle z - \bar{z}, y - \bar{z}\rangle \leqslant 0$ (任意 $y \in C$). 因为 C 是锥且 $\bar{z} \in C$, 所以在上一个不等式中分别取 $y = 0, 2\bar{z}$ 即得 $\langle z - \bar{z}, \bar{z}\rangle = 0$. 于是 $\langle z - \bar{z}, y\rangle \leqslant 0$ (任意 $y \in C$), $z - \bar{z} \in C^\circ$. 又因为 $z \in C^{\circ\circ}$, 所以 $\langle z - \bar{z}, z\rangle \leqslant 0$. 结合 $\langle z - \bar{z}, \bar{z}\rangle = 0$, 就有 $\|z - \bar{z}\|^2 \leqslant 0$, 即 $z = \bar{z} \in C$. 所以 $C^{\circ\circ} \subseteq C$.

再考虑一般的锥 C. 由于已证得闭凸锥的双极锥仍是自身, 有

$$(\mathrm{cl}(\mathrm{conv}(C)))^{\circ\circ} = \mathrm{cl}(\mathrm{conv}(C)).$$

再由 (1),

$$\begin{aligned} & C^\circ = (\mathrm{conv}(C))^\circ = (\mathrm{cl}(\mathrm{conv}(C)))^\circ \\ \Rightarrow\ & C^{\circ\circ} = (\mathrm{cl}(\mathrm{conv}(C)))^{\circ\circ} = \mathrm{cl}(\mathrm{conv}(C)). \end{aligned}$$

□

定理 2.68 (Moreau 分解)　设 $K \subseteq \mathbb{E}$ 闭凸锥且 $x \in \mathbb{E}$. 以下结论相互等价:

(1) $x = u + v$, $u \in K$, $v \in K^\circ$, $\langle u, v\rangle = 0$;

(2) $u = P_K(x)$, $v = P_{K^\circ}(x)$.

证明　(1) $\Rightarrow$ (2): 由命题2.66即可得.

(2) $\Rightarrow$ (1): 由命题2.66, $u \in K$, $x - u \in K^\circ$, $\langle x - u, u\rangle = 0$. 令 $w := x - u \in K^\circ$, 则由命题2.67, $x - w = u \in K = K^{\circ\circ}$ 且 $\langle x - w, w\rangle = \langle u, x - u\rangle = 0$. 于是再利用命题2.66, $w = P_{K^\circ}(x) = v$, $x = u + v$, $\langle u, v\rangle = 0$. □

2.6　凸集的分离

本节讨论两个凸集之间的弱分离、适度分离与强分离, 并给出一些充分条件. 这些结果将帮助我们得到关于集合与优化问题的一些更加深刻的结论 (见2.7节).

定理 2.69 (基本分离定理)　设 $C \subseteq \mathbb{E}$ 非空闭凸, $x \notin C$. 则存在 $0 \neq s \in \mathbb{E}$ 满足

$$\langle s, x\rangle > \sup_{v \in C} \langle s, v\rangle .$$

证明　令 $s = x - P_C(x) \neq 0$. 由投影定理,

$$0 \geqslant \langle x - P_C(x), v - P_C(x)\rangle = \langle s, v - x + s\rangle = \langle s, v\rangle - \langle s, x\rangle + \|s\|^2, \quad \forall v \in C,$$

即 $\langle s, x\rangle - \|s\|^2 \geqslant \langle s, v\rangle$. 对右端取上确界即得证. □

注释 2.70

- 定理2.69 中的 s 可换为 $-s$, 于是有 $\langle s,x\rangle < \inf_{v\in C}\langle s,v\rangle$.
- 由正齐次性可假设 $\|s\|=1$.
- 凸集分离的几何解释: 令 $\overline{\gamma} := \left(\langle s,x\rangle + \sup_{v\in C}\langle s,v\rangle\right)/2$, 则 $\{x\}\subseteq H^{>}_{s,\overline{\gamma}}$, $C\subseteq H^{<}_{s,\overline{\gamma}}$. 从几何上看, 就是仿射超平面 $H_{s,\overline{\gamma}}$ 分离了凸集 C 和 $\{x\}$.

定义 2.71 (凸集的分离) 设 $C_1, C_2\subseteq\mathbb{E}$ 非空凸, 超平面 $H := H_{b,\gamma}$. 我们称 H

- 弱分离 C_1, C_2, 如果 $C_i\subseteq H^{\geqslant}_{b,\gamma}$, $C_j\subseteq H^{\leqslant}_{b,\gamma}$, $i\neq j$;
- 适度分离 C_1, C_2, 如果 H 弱分离 C_1, C_2, 且至少有一个 $C_i\nsubseteq H$;
- 强分离 C_1, C_2, 如果存在 $\varepsilon>0$ 使得 $C_i+\varepsilon B\subseteq H^{<}_{b,\gamma}$, $C_j+\varepsilon B\subseteq H^{>}_{b,\gamma}$, $i\neq j$.

由定义即可知, 强分离可推出适度分离, 而适度分离可推出弱分离.

引理 2.72 (凸集分离的等价刻画) 设 $C_1, C_2\subseteq\mathbb{E}$ 非空凸. 则

(1) 存在超平面 $H\subseteq\mathbb{E}$ 适度分离 C_1 和 C_2 当且仅当存在 $0\neq s\in\mathbb{E}$ 使得

$$\sup_{v\in C_1}\langle s,v\rangle \leqslant \inf_{v\in C_2}\langle s,v\rangle,\quad \inf_{v\in C_1}\langle s,v\rangle < \sup_{v\in C_2}\langle s,v\rangle;$$

(2) 存在超平面 $H\subseteq\mathbb{E}$ 强分离 C_1 和 C_2 当且仅当存在 $s\in\mathbb{E}$ 使得

$$\sup_{v\in C_1}\langle s,v\rangle < \inf_{v\in C_2}\langle s,v\rangle.$$

证明 (1) 充分性: 记 $\gamma\in\left[\sup_{v\in C_1}\langle s,v\rangle, \inf_{v\in C_2}\langle s,v\rangle\right]$, $H := H_{s,\gamma}$. 则 $C_1\subseteq H^{\leqslant}_{s,\gamma}$, $C_2\subseteq H^{\geqslant}_{s,\gamma}$. 严格不等式说明 C_1 与 C_2 不能同时在 H 中.

必要性: 设 $H_{s,\gamma}$ 适度分离 C_1, C_2. 不妨设 $\sup_{v\in C_1}\langle s,v\rangle\leqslant\gamma\leqslant\inf_{v\in C_2}\langle s,v\rangle$. 若严格不等式不成立则说明 C_1 与 C_2 同时在 $H_{s,\gamma}$ 中, 矛盾.

(2) 充分性: 由条件, 存在 $\delta>0$, $\gamma\in\mathbb{R}$ 使得

$$\gamma+\delta\leqslant\langle s,v\rangle,\quad \forall v\in C_2,$$

$$\gamma-\delta\geqslant\langle s,v\rangle,\quad \forall v\in C_1.$$

由于单位球 B 有界, $y\mapsto\langle s,y\rangle$ 连续, 故存在充分小的 $\varepsilon>0$, 使得 $|\langle y,s\rangle|<\delta$ 对任意 $y\in\varepsilon B$ 成立. 因此 $C_1+\varepsilon B\subseteq H^{<}_{s,\gamma}$, $C_2+\varepsilon B\subseteq H^{>}_{s,\gamma}$, 即 $H_{s,\gamma}$ 强分离 C_1, C_2.

必要性: 由强分离定义即可得. □

为给出凸集强分离的一个充分条件, 我们先证明一个引理.

引理 2.73 设 $C_1, C_2\subseteq\mathbb{E}$ 非空闭凸. 若 $C_1^{\infty}\cap C_2^{\infty}=\{0\}$, 则 C_1-C_2 是闭集.

证明 任取 $\{z_k := x_k - y_k \in C_1 - C_2\} \to \bar{z}$, 要证 $\bar{z} \in C_1 - C_2$, 只需证明 $\{x_k\} \subseteq C_1$, $\{y_k\} \subseteq C_2$ 均有界, 从而由 Bolzano-Weierstrass 定理即得证.

假设不然, 则因为 $\{z_k\} \subseteq C_1 - C_2$ 是有界的, 必有 $\{x_k\} \subseteq C_1$, $\{y_k\} \subseteq C_2$ 均无界. 不失一般性, 假设 $\|y_k\| \to \infty$, 且 $y_k / \|y_k\| \to \bar{y} \in C_2^\infty \setminus \{0\}$. 考虑序列 $\{x_k / \|y_k\|\}$:

$$\frac{x_k}{\|y_k\|} = \frac{x_k - y_k}{\|y_k\|} + \frac{y_k}{\|y_k\|} = \frac{z_k}{\|y_k\|} + \frac{y_k}{\|y_k\|}.$$

因此

$$\lim_{k\to\infty} \frac{x_k}{\|y_k\|} = \lim_{k\to\infty} \frac{z_k}{\|y_k\|} + \lim_{k\to\infty} \frac{y_k}{\|y_k\|} = \bar{y} + 0 = \bar{y}.$$

所以 $\bar{y} \in C_1^\infty$. 这与 $C_1^\infty \cap C_2^\infty = \{0\}$ 的假设条件矛盾. 所以 $\{x_k\} \subseteq C_1$, $\{y_k\} \subseteq C_2$ 都是有界序列. □

定理 2.74 (凸集强分离的充分条件) 设 $C_1, C_2 \subseteq \mathbb{E}$ 非空闭凸, $C_1 \cap C_2 = \varnothing$, $C_1^\infty \cap C_2^\infty = \{0\}$. 则存在 $s \in \mathbb{E}$ 使得

$$\sup_{v\in C_1} \langle s, v\rangle < \inf_{v\in C_2} \langle s, v\rangle .$$

证明 由 $C_1 \cap C_2 = \varnothing$ 有 $0 \notin C_1 - C_2$. 再由 $C_1^\infty \cap C_2^\infty = \{0\}$, 根据引理 2.73, 有 $C_1 - C_2$ 闭, 又因为 $C_1 - C_2$ 凸, 根据基本分离定理 (定理 2.69), 存在 $s \in \mathbb{E}$ 使得

$$\begin{aligned}
0 = \langle s, 0\rangle > & \sup_{v\in C_1 - C_2} \langle s, v\rangle \\
&= \sup_{\substack{v\in C_1 \\ v\in C_2}} \{\langle s, v_1\rangle + \langle s, -v_2\rangle\} \\
&= \sup_{v\in C_1} \langle s, v\rangle + \sup_{v\in C_2} \langle s, -v\rangle \\
&= \sup_{v\in C_1} \langle s, v\rangle - \inf_{v\in C_2} \langle s, v\rangle .
\end{aligned}$$

□

注释 2.75 定理 2.74 的条件不是完全必要的.

- $C_1^\infty \cap C_2^\infty \neq \{0\}$ 时定理不一定成立, 如

$$C_1 = \left\{ (x, y) \in \mathbb{R}^2 \,\middle|\, y \leqslant \frac{1}{x},\ \ x < 0 \right\},$$

$$C_2 = \left\{ (x, y) \in \mathbb{R}^2 \,\middle|\, y \geqslant -\frac{1}{x},\ \ x < 0 \right\}.$$

此时有

$$C_1^\infty \cap C_2^\infty = \{(x, 0) \in \mathbb{R}^2 \mid x \leqslant 0\}.$$

• $C_1^\infty \cap C_2^\infty = \{0\}$ 也是不必要的, 如

$$C_1 = \mathbb{R}^2_+, \quad C_2 = \{(x,y) \in \mathbb{R}^2 \mid x \geqslant 0, y \leqslant -1\}.$$

此时 $C_1 \cap C_2 = \varnothing$, 且显然 C_1, C_2 强分离, 但

$$C_1^\infty \cap C_2^\infty = \{(x,0) \in \mathbb{R}^2 \mid x \geqslant 0\}.$$

推论 2.76 设 $C_1, C_2 \subseteq \mathbb{E}$ 非空闭凸, $C_1 \cap C_2 = \varnothing$. 若 C_2 有界, 则存在 $s \in \mathbb{E}$ 使得

$$\sup_{v \in C_1} \langle s, v\rangle < \inf_{v \in C_2} \langle s, v\rangle .$$

下面考虑适度分离的充分条件. 为此先定义支撑超平面.

定义 2.77 (支撑超平面 (supporting hyperplane)) 我们称仿射超平面 H 支撑 $S \subseteq \mathbb{E}$, 如果 S 完全包含在由 H 诱导的两个闭半空间之一中. 若 H 在 $x \in S$ 处支撑 S, 则 $x \in H$. 称 $H = H_{b,\gamma}$ 非平凡支撑 S, 如果 $b \notin V^\perp$, V 是平行于 $\mathrm{aff}(S)$ 的子空间.

从上述定义可以推出, 若 $H = H_{b,\gamma}$ 非平凡支撑 S, 则

$$b \notin V^\perp \Leftrightarrow b \text{ 不垂直于 } \mathrm{aff}(S) \Rightarrow \mathrm{aff}(S) \not\subseteq H.$$

命题 2.78 (非平凡支撑超平面的存在性) 设 $C \subsetneq \mathbb{E}$ 是凸集, $x \in \mathrm{rbd}(C)$. 则存在非平凡支撑超平面 H 在 x 处支撑 C.

证明 令 V 是平行于 $\mathrm{aff}(C)$ 的子空间, $\mathrm{aff}(C) = x + V$. 记 $D := C - x$, 则 D 是凸集且 $0 \in D$, $D \subseteq \mathrm{aff}(D) \subseteq V$. 取 $\{x_k\} \subseteq V \setminus \mathrm{cl}(D) : x_k \to 0$. 对每个 x_k 使用基本分离定理 (定理2.69), 则存在 $s_k \in V$, $\|s_k\| = 1$ 使得

$$\sup_{v \in \mathrm{cl}(D)} \langle s_k, v\rangle < \langle s_k, x_k\rangle .$$

不妨设 $s_k \to s \in V$, 则 $s \neq 0$ 且对任意 $v \in \mathrm{cl}(D)$, $\langle s, v\rangle \leqslant 0$. 于是有

$$\langle s, w\rangle \leqslant \langle s, x\rangle , \quad \forall w \in C.$$

令 $b := s$, $\gamma := \langle b, x\rangle$. 因为 $b \in V$, $H_{b,\gamma}$ 即是所求. □

定理 2.79 (凸集适度分离的充分条件) 设 $C_1, C_2 \subseteq \mathbb{E}$ 非空凸, $\mathrm{ri}(C_1) \cap \mathrm{ri}(C_2) = \varnothing$. 则存在 $s \in \mathbb{E}$ 使得

$$\sup_{v \in C_1} \langle s, v\rangle \leqslant \inf_{v \in C_2} \langle s, v\rangle \text{ 且 } \inf_{v \in C_1} \langle s, v\rangle < \sup_{v \in C_2} \langle s, v\rangle .$$

证明 考虑凸集 $C := C_2 - C_1$. 由推论 2.25 和推论 2.26, 有 $\mathrm{ri}(C) = \mathrm{ri}(C_2) - \mathrm{ri}(C_1)$ 且 $0 \notin \mathrm{ri}(C)$. 若 $0 \notin \mathrm{cl}(C)$, 则 0 与 $\mathrm{cl}(C)$ 可强分离, 即 C_1, C_2 可强分离. 若 $0 \in \mathrm{rbd}(C)$, 则存在非平凡支撑超平面 $H := H_{s,\gamma}(s \neq 0)$ 在 0 处支撑 C, 即

$$\langle s, v\rangle \geqslant \gamma,\ \forall v \in C; \quad \langle s, 0\rangle = \gamma = 0.$$

于是

$$\inf_{v\in C} \langle s, v\rangle \geqslant 0 \Rightarrow \sup_{v\in C_1} \langle s, v\rangle \leqslant \inf_{v\in C_2} \langle s, v\rangle,$$

$$\sup_{v\in C} \langle s, v\rangle > 0 \Rightarrow \inf_{v\in C_1} \langle s, v\rangle < \sup_{v\in C_2} \langle s, v\rangle,$$

其中严格不等号是因为 H 是非平凡支撑超平面. □

根据定理 2.79, 凸集在相对边界点处的非平凡支撑超平面, 就构成了点与凸集的适度分离; 特别地, 我们只需在凸集相对内部一点处满足严格不等号.

命题 2.80 设 $C \subseteq \mathbb{E}$ 非空凸, $\bar{x} \in \mathrm{rbd}(C)$. 以下结论等价[①]:

(1) (适度分离) 存在 $s \neq 0$ 使得

$$\langle s, \bar{x}\rangle \leqslant \inf_{v\in C} \langle s, v\rangle \text{ 且 } \langle s, \bar{x}\rangle < \sup_{v\in C} \langle s, v\rangle;$$

(2) 存在 $s \neq 0$ 使得

$$\langle s, \bar{x}\rangle < \langle s, v\rangle, \quad \forall v \in \mathrm{ri}(C).$$

证明 (2) $\Rightarrow$ (1) 显然. 因此我们只需证明 (1) $\Rightarrow$ (2). 用反证法. 假设存在 $\bar{v} \in \mathrm{ri}(C)$, 使得 $\langle s, \bar{x}\rangle = \langle s, \bar{v}\rangle$. 于是由假设条件 $\langle s, \bar{x}\rangle \leqslant \inf_{v\in C} \langle s, v\rangle$ 可知, $\bar{v} \in \arg\min_{v\in C} \langle s, v\rangle$. 因为 $\bar{v} \in \mathrm{ri}(C)$, 所以 $\langle s, \cdot\rangle$ 在 C 上为常数. 这就与 $\langle s, \bar{x}\rangle < \sup_{v\in C} \langle s, v\rangle$ 矛盾. 故得证. □

2.7 分离定理的第一结果

这一节介绍由凸集分离定理得到的一些结论: 闭凸集的包络表示、Farkas 引理、优化问题的 Karush-Kuhn-Tucker (KKT) 最优性条件以及 Minkowski 定理.

2.7.1 闭凸集的包络表示

定理 2.81 (闭凸集的包络 (envelope) 表示) 设 $C \subseteq \mathbb{E}$ 闭凸. 则 C 是所有包含 C 的闭半空间的交.

---

① 根据定理 2.79 可知都是成立的.

证明 假设 $\varnothing \neq C \subsetneq \mathbb{E}$, 则存在 $x \notin C$. 根据定理2.69, 存在超平面 H^x 强分离闭凸集 $\{x\}$ 和 C. 特别地, 由 H^x 诱导的两个闭半空间必有一个包含 C 但不包含 x. 由 x 的任意性, $\bigcap_{x\notin C} H^x$ 不包含任何 C 以外的点, 即 $\bigcap_{x\notin C} H^x \subseteq C$. 另一方面, 显然对任何 $x \notin C$, $C \subseteq H^x$, 从而 $C \subseteq \bigcap_{x\notin C} H^x$. □

推论 2.82 (闭凸包的包络表示) 设 $S \subseteq \mathbb{E}$. 则 $\overline{\operatorname{conv}}(S)$ 是所有包含 S 的闭半空间的交.

证明 首先, 从定理2.81可得 $\overline{\operatorname{conv}}(S)$ 是所有包含 $\overline{\operatorname{conv}}(S)$ 的闭半空间的交. 另外, 注意到闭半空间包含 S 与包含 $\overline{\operatorname{conv}}(S)$ 是等价的. □

2.7.2 Farkas 引理与 KKT 条件

命题 2.83 (Farkas 引理) 设 $A \in \mathbb{R}^{m\times n}$, $b \in \mathbb{R}^n$. 则以下结论等价:

(1) 多面体 $P := \{x \in \mathbb{R}^n \mid A^{\mathrm{T}}x = b,\ x \geqslant 0\}$ 非空;

(2) 对任一满足 $Ad \geqslant 0$ 的 $d \in \mathbb{R}^n$, 有 $b^{\mathrm{T}}d \geqslant 0$.

证明 (1) ⇒ (2): 任取 $x \in P$. 对任一满足 $Ad \geqslant 0$ 的 $d \in \mathbb{R}^n$,

$$b^{\mathrm{T}}d = x^{\mathrm{T}}Ad \geqslant 0.$$

(2) ⇒ (1): 记 $S := \{A^{\mathrm{T}}x \mid x \geqslant 0\}$. 则 S 是闭凸集. 假设 P 为空集, 则 $b \notin S$. 由定理2.69, 存在 $d \in \mathbb{R}^n$, $\alpha \in \mathbb{R}$ 使得

$$d^{\mathrm{T}}b < \alpha \leqslant (Ad)^{\mathrm{T}}x, \quad \forall x \geqslant 0.$$

若 $Ad \ngeqslant 0$, 则其存在某个分量小于 0, 如 $(Ad)_j < 0$. 取 $x \geqslant 0$, $x_j \to \infty$, 则 $\alpha \to -\infty$. 但 $d^{\mathrm{T}}b > -\infty$, 矛盾. 故 $Ad \geqslant 0$. 于是有 $d^{\mathrm{T}}b \geqslant 0$, 进而 $\alpha > 0$. 再取 $x = 0$, 又有 $\alpha \leqslant 0$, 又矛盾. 故 P 非空. □

注释 2.84 命题2.83的几何意义是直观的: 设 A^{T} 有分块 $A^{\mathrm{T}} = (a_1, \cdots, a_m)$. 则 (1) 等价于 $b \in \operatorname{cone}\{a_1, \cdots, a_m\}$; (2) 等价于是说, 如果 d 与 a_i, $i = 1, \cdots, m$ 都成锐角, 则 d 与 b 必成锐角.

命题2.83也称作“二择一”定理. 事实上, 稍微改变命题的陈述即可有: 线性系统 (I): $A^{\mathrm{T}}x = b$, $x \geqslant 0$ 与线性系统 (II): $b^{\mathrm{T}}d < 0$, $Ad \geqslant 0$ 中有且只有一个有解. “二择一”定理还有许多不同的推广形式.

下面利用 Farkas 引理推导标准**非线性规划** (nonlinear programming, NLP) 的最优性条件:

$$\begin{aligned} \min \quad & f(x), \\ \text{s.t.} \quad & g(x) \leqslant 0, \\ & h(x) = 0, \end{aligned}$$

其中 $f:\mathbb{R}^n\to\mathbb{R}$, $g:\mathbb{R}^n\to\mathbb{R}^m$, $h:\mathbb{R}^n\to\mathbb{R}^p$, f,g,h 连续可微. 记 X 为问题可行集,

$$X:=\{x\in\mathbb{R}^n \mid g(x)\leqslant 0,\ h(x)=0\}.$$

定理 2.85 (KKT 定理) 若 $\overline{x}\in\mathbb{R}^n$ 是 NLP 的局部极小点, 且满足

$$T_X(\overline{x})=\left\{d\in\mathbb{R}^n \,\middle|\, \begin{array}{l}\nabla g_i(\overline{x})^{\mathrm{T}}d\leqslant 0,\ \forall i\in I(\overline{x}),\\ \nabla h_j(\overline{x})^{\mathrm{T}}d=0,\ \forall j\in J\end{array}\right\}, \tag{2.7.1}$$

则存在 $\lambda\in\mathbb{R}^m_+$, $\mu\in\mathbb{R}^p$ 使得

$$0=\nabla f(\overline{x})+\nabla g(\overline{x})^{\mathrm{T}}\lambda+\nabla h(\overline{x})^{\mathrm{T}}\mu \quad 且 \quad 0=\lambda^{\mathrm{T}}g(\overline{x}), \tag{2.7.2}$$

其中 $I(x):=\{i\in\{1,\cdots,m\}\mid g_i(x)=0\}$, $J:=\{1,\cdots,p\}$,

$$\nabla g(\overline{x}):=(\nabla g_1(\overline{x}),\cdots,\nabla g_m(\overline{x}))^{\mathrm{T}}\in\mathbb{R}^{m\times n},$$
$$\nabla h(\overline{x}):=(\nabla h_1(\overline{x}),\cdots,\nabla h_p(\overline{x}))^{\mathrm{T}}\in\mathbb{R}^{p\times n}.$$

证明 由于 $\overline{x}$ 是局部极小点, 根据定理2.51有

$$\nabla f(\overline{x})^{\mathrm{T}}d\geqslant 0,\quad \forall d\in T_X(\overline{x}).$$

记

$$A=\begin{pmatrix}-\nabla g_i(\overline{x})^{\mathrm{T}}\ (i\in I(\overline{x}))\\ -\nabla h_j(\overline{x})^{\mathrm{T}}\ (j\in J)\\ \nabla h_j(\overline{x})^{\mathrm{T}}\ (j\in J)\end{pmatrix}\in\mathbb{R}^{(|I|+2p)\times n}.$$

由 (2.7.1) 式可知对任意 $d\in T_X(\overline{x})$, $Ad\geqslant 0$. 所以, 由 Farkas 引理 (命题2.83),

$$\exists\ \begin{pmatrix}\lambda_{I(\overline{x})}\\ \mu_+\\ \mu_-\end{pmatrix}\in\mathbb{R}^{|I|+2p},\quad A^{\mathrm{T}}\begin{pmatrix}\lambda_{I(\overline{x})}\\ \mu_+\\ \mu_-\end{pmatrix}=\nabla f(\overline{x}).$$

令 $\mu:=\mu_+-\mu_-$ 并补全 $\lambda_i:=0$ (任意 $i\notin I(\overline{x})$), 即得证. □

注释 2.86

• KKT 定理中满足 (2.7.2) 式的 $\overline{x}$ 称为 NLP 的 KKT 点. KKT 定理给出了优化问题局部极小点满足的必要条件. 但反过来, KKT 点未必是局部极小点.

• (2.7.1) 式不一定总成立. 一般地, 有

$$T_X(\overline{x})\subseteq\left\{d\in\mathbb{R}^n \,\middle|\, \begin{array}{l}\nabla g_i(\overline{x})^{\mathrm{T}}d\leqslant 0,\ \forall\ i\in I(\overline{x}),\\ \nabla h_j(\overline{x})^{\mathrm{T}}d=0,\ \forall\ j\in J\end{array}\right\}.$$

使得等号成立的条件称为**约束规范** (constraint qualification).

2.7.3 Minkowski 定理

Minkowski 定理将凸集表征为其中部分点的凸包. 这里所用的点是下面的极点.

定义 2.87 (极点 (extreme point)) 设 $C \subseteq \mathbb{E}$. 我们称 $x \in C$ 是极点, 如果对 $x_1, x_2 \in C$, 下面的关系成立:

$$\frac{1}{2}(x_1 + x_2) = x \Rightarrow x_1 = x_2.$$

记 C 所有极点的集合为 $\operatorname{ext}(C)$.

例 2.88 (极点的例子)

• 由 $\|x+y\|^2/2 = \|x\|^2 + \|y\|^2 - \|x-y\|^2/2$ (任意 $x, y \in \mathbb{E}$), 有 $\operatorname{ext}(\overline{B}) = \operatorname{bd}(B)$;

• K 是凸锥, 则 $\operatorname{ext}(K) = \{0\}$;

• 非平凡仿射集或半空间无极点.

何时极点存在? 我们只需集合的紧性.

命题 2.89 设 $S \subseteq \mathbb{E}$ 非空紧. 则 $\operatorname{ext}(S) \neq \varnothing$.

证明 由 S 紧, 存在 $\overline{x} \in \arg\max_{v \in S} \|v\|^2$. 下证 $\overline{x} \in \operatorname{ext}(S)$. 假设存在 $x_1, x_2 \in S$ 使得

$$\frac{1}{2}(x_1 + x_2) = \overline{x}, \quad x_1 \neq x_2.$$

则有

$$\|\overline{x}\|^2 = \left\|\frac{1}{2}(x_1 + x_2)\right\|^2 < \frac{1}{2}(\|x_1\|^2 + \|x_2\|^2) \leqslant \|\overline{x}\|^2.$$

矛盾. □

下面的两个引理用于证明最终的 Minkowski 定理.

引理 2.90 设 H 是 $C \subseteq \mathbb{E}$ 的支撑超平面. 则 $\operatorname{ext}(C \cap II) \subseteq \operatorname{ext}(C)$.

证明 不妨设 $C \subseteq H^{\geqslant}$. 对任意 $\overline{x} \in \operatorname{ext}(C \cap H)$, 假设 $\overline{x} = (x+y)/2$, $x, y \in C \subseteq H^{\geqslant}$, $x \in H^{>}$ 或 $y \in H^{>}$, 则 $\overline{x} \in H^{>}$, 矛盾. 故 $x, y \in C \cap H$, 于是 $x = y$. □

引理 2.91 设 $C \subseteq \mathbb{E}$ 为非空凸紧集. 则 $\operatorname{conv}(\operatorname{rbd}(C)) = C$.

证明 首先, $\operatorname{conv}(\operatorname{rbd}(C)) \subseteq \operatorname{conv}(C) = C$. 下面证明另一边. 由于对任意 $z \in \operatorname{rbd}(C)$, 均有 $z \in \operatorname{conv}(\operatorname{rbd}(C))$. 因此只需考虑 $z \in \operatorname{ri}(C)$. 这需要构造两个 $\operatorname{rbd}(C)$ 中的点, 使得 z 是它们的凸组合. 事实上, 对任意 $x \in \operatorname{rbd}(C)$, 由命题 2.21, 存在 $\mu > 1$, 使得 $\mu z + (1-\mu)x \in C$. 因为 C 是紧集, 所以 $\arg\max_{\mu z + (1-\mu)x \in C} \mu \neq \varnothing$. 记其中之一为 μ^* (> 1), 且必有 $y := \mu^* z + (1-\mu^*)x \in \operatorname{rbd}(C)$. 从而 z 是 x, y 的凸组合:

$$z = \frac{1}{\mu^*} y + \left(1 - \frac{1}{\mu^*}\right) x \in \operatorname{conv}(\operatorname{rbd}(C)).$$ □

定理 2.92 (Minkowski 定理) 设 $C \subseteq \mathbb{E}$ 非空凸紧. 则 $C = \text{conv}(\text{ext}(C))$.

证明 对 $\dim(C)$ 进行归纳. 当 $\dim(C) = 0$ 时, C 是单点集, 显然成立. 假设结论对维数小于 $\dim(C)$ 的情形均成立. 任取 $x \in \text{rbd}(C)$. 由命题2.78, 存在非平凡支撑超平面 H 在 x 处支撑 C. 根据归纳假设 $(\dim(C \cap H) = \dim(C) - 1)$ 及引理2.90, 有

$$x \in C \cap H = \text{conv}(\text{ext}(C \cap H)) \subseteq \text{conv}(\text{ext}(C)).$$

由 x 的任意性, $\text{rbd}(C) \subseteq \text{conv}(\text{ext}(C))$. 于是

$$C = \text{conv}(\text{rbd}(C)) \subseteq \text{conv}(\text{ext}(C)) \subseteq C,$$

其中等号利用了引理2.91. □

Minkowski 定理告诉了我们刻画凸紧集的另一种方式. 这一点是很有意义的. 例如, 考虑线性泛函在一个凸紧集上的极小化问题:

$$\min_x \ \langle w, x \rangle, \quad \text{s.t. } x \in C.$$

因为 $C = \text{conv}(\text{ext}(C))$, 容易验证最优值必定可以在 $\text{ext}(C)$ 内某个点取得. 特别地, 如果 $\text{ext}(C)$ 只有有限个点, 那我们只要遍历它们每个点的值就好了.

只不过, 有时候我们并不显式地知道 $\text{ext}(C)$ 里的点是哪些. 这时候就需要采用一些有技巧的手段. 例如求解线性规划的单纯形算法. 它的本质就是在 "聪明地" 遍历可行多面体的有限个极点.

有时, 我们也可以反过来使用这一点认识. 例如, 在组合优化中, 我们常遇到整数规划. 这时, 如果我们能证明这些整点都是某个多面体的极点, 那完全可以把原本 NP-难的整数规划松弛成等价的在多面体上的连续优化问题.

习 题 2

2.1 证明命题2.5.

2.2 设 $S \subseteq \mathbb{E}$ 为有界集合. 证明 $\overline{\text{conv}}(S) = \text{conv}(\text{cl}(S))$, 并用反例说明有界性假设不能省略.

2.3 凸包的性质: 设 $F : \mathbb{E} \to \mathbb{E}$ 是仿射的, $A, B \subseteq \mathbb{E}$ 非空. 则

(1) $\text{conv}(F(A)) = F(\text{conv}(A))$;

(2) $\text{conv}(A \otimes B) = \text{conv}(A) \otimes \text{conv}(B)$;

(3) $\text{conv}(A + B) = \text{conv}(A) + \text{conv}(B)$.

2.4 请通过反例指出命题2.23(2) 中集合 I 有限性的假设不能去除.

2.5 证明推论2.25和推论2.26.

2.6 给定 $n \in \mathbb{N}$, 计算 $\operatorname{conv}\{uu^{\mathrm{T}} \in \mathbb{S}^n \mid u \in \mathbb{R}^n,\ \|u\| = 1\}$.

2.7 凸集上线性泛函的极小点: 设 $C \subseteq \mathbb{E}$ 非空凸, $s \in \mathbb{E}$. 则要么 $\arg\min_{\mathrm{cl}(C)} \langle s, \cdot\rangle \subseteq \mathrm{rbd}(C)$, 要么 $\langle s, \cdot\rangle$ 在 $\mathrm{aff}(C)$ 上为常数.

2.8 假设 $C \subseteq \mathbb{E}$ 是非空凸集, 且 $\overline{x} \in C$. 证明 $T_C(\overline{x})$ 是子空间当且仅当 $\overline{x} \in \mathrm{ri}(C)$.

2.9 证明命题2.45.

2.10 设 $C_i \subseteq \mathbb{E}_i$, $i = 1, \cdots, p$. 证明

$$\left(\bigotimes_{i=1}^{p} C_i\right)^{\infty} \subseteq \bigotimes_{i=1}^{p} C_i^{\infty},$$

并且等式成立若如下两个条件有一个成立:

(1) C_i, $i = 1, \cdots, p$ 都是非空凸集;

(2) 在 $\{1, \cdots, p\}$ 中至多只有一个 j 使得 C_j 是无界的.

2.11 假设 $T \in L(\mathbb{E}_1, \mathbb{E}_2)$ 以及闭集 $C \subseteq \mathbb{E}$ 满足 $\ker(T) \cap C^{\infty} = \{0\}$, 证明: $T(C^{\infty}) = T(C)^{\infty}$.

2.12 假设 C 是非空闭凸集. 证明投影算子 $T = \mathrm{id} - P_C$ 是连续函数, 其中 id 是单位算子.

2.13 设 $K \subseteq \mathbb{E}$ 是闭凸锥. 证明

(1) $P_K(x) = 0$ 当且仅当 $x \in K^{\circ}$;

(2) 对任意 $\alpha \geqslant 0$, $P_K(\alpha x) = \alpha P_K(x)$;

(3) $P_K(-x) = -P_{-K}(x)$.

2.14 设 $C \subseteq \mathbb{E}$ 是凸集. 证明以下结论等价:

(1) x 是 C 的极点;

(2) 若 $x = \lambda x_1 + (1-\lambda)x_2$, $x_1, x_2 \in C$, $\lambda \in (0,1)$, 则 $x_1 = x = x_2$;

(3) 若 $x = \sum_{i=1}^{r} \lambda_i x_i$, $r \in \mathbb{N}$, $x_i \in C$, $i = 1, \cdots, r$, $\lambda \in \mathrm{ri}(\Delta_r)$, 则 $x_i = x$, $i = 1, \cdots, r$;

(4) $C \setminus \{x\}$ 是凸集.

2.15 凸约束优化的必要最优性条件: 假设 $f : \mathbb{E} \to \mathbb{R}$ 是连续可微的, 并且 $C \subseteq \mathbb{E}$ 是闭凸集, $\bar{x} \in C$, $L > 0$. 证明下面两个结论等价:

(1) 对任意 $x \in C$, $\langle \nabla f(\bar{x}), x - \bar{x}\rangle \geqslant 0$;

(2) $P_C\left(\bar{x} - \nabla f(\bar{x})/L\right) = \bar{x}$.

第 3 章 凸 函 数

本章介绍凸分析中的函数——凸函数, 包括其基本概念和相关性质. 基于这些基本性质, 我们还将讨论凸函数的连续性、对偶性及其次微分的性质. 这些都是凸函数非常本质的性质. 我们还会涉足其他的话题, 例如凸优化问题解的存在性和唯一性、凸函数的仿射下界定理、Moreau 包络等.

3.1 凸函数的定义及基本性质

本节给出凸函数的定义并讨论其基本性质, 包括一些基本的保凸运算和凸函数的等价刻画. 我们首先给出凸函数的定义.

定义 3.1 (凸函数 (convex function)) *称函数 $f:\mathbb{E}\to\overline{\mathbb{R}}$ 是凸的, 如果 $\mathrm{epi}(f)$ 是凸集.*

在上述凸函数的定义中, 我们也可将 $\mathrm{epi}(f)$ 替换为其严格上图

$$\mathrm{epi}_{<}(f):=\{(x,\alpha)\in\mathbb{E}\times\mathbb{R}\mid f(x)<\alpha\},$$

参见本章习题 3.3. 容易验证凸函数的水平集和定义域都是凸集.

命题 3.2 (凸函数的水平集和定义域) *凸函数的水平集和定义域都是凸集.*

本章我们的主要研究对象是适定的凸函数. 首先回顾适定性的定义: 称函数 f 是适定的, 如果 $\mathrm{dom}(f)\neq\varnothing$ 且对任意 $x\in\mathbb{E}$, $f(x)>-\infty$. 事实上, 非适定的凸函数确实是存在的, 但这些函数一般都比较病态, 例如下面的非适定凸函数:

$$f:x\in\mathbb{R}\to\begin{cases}-\infty, & \text{如果 } |x|<1,\\ 0, & \text{如果 } |x|=1,\\ +\infty, & \text{如果 } |x|>1.\end{cases}$$

下面我们给出函数值不取 $-\infty$ 的凸函数的第一个等价刻画, 其几何意义是自变量凸组合处的函数值小于等于自变量处函数值的凸组合.

命题 3.3 (凸性等价刻画) *函数 $f:\mathbb{E}\to\overline{\mathbb{R}}$ 是凸的, 当且仅当对任意的 $x,y\in\mathbb{E}$, 有*

$$f(\lambda x+(1-\lambda)y)\leqslant\lambda f(x)+(1-\lambda)f(y),\quad\forall\lambda\in[0,1].\tag{3.1.1}$$

证明 首先, 给定任意凸函数 f 以及 $x,y\in\mathbb{E}$, $\lambda\in[0,1]$, 往证不等式 (3.1.1) 成立. 若 $x\notin\text{dom}(f)$ 或 $y\notin\text{dom}(f)$, 不等式 (3.1.1) 右端为 $+\infty$, 因此显然成立. 若 $x,y\in\text{dom}(f)$, 则 $(x,f(x)),(y,f(y))\in\text{epi}(f)$, 由 $\text{epi}(f)$ 的凸性我们可得

$$(\lambda x+(1-\lambda)y,\lambda f(x)+(1-\lambda)f(y))\in\text{epi}(f),$$

即 $f(\lambda x+(1-\lambda)y)\leqslant\lambda f(x)+(1-\lambda)f(y)$.

其次, 假设不等式 (3.1.1) 对任意 $x,y\in\mathbb{E}$ 成立, 我们证明 f 为凸函数. 任取 $(x,\alpha),(y,\beta)\in\text{epi}(f)$ 以及 $\lambda\in[0,1]$, 由 (3.1.1) 式我们有

$$f(\lambda x+(1-\lambda)y)\leqslant\lambda f(x)+(1-\lambda)f(y)\leqslant\lambda\alpha+(1-\lambda)\beta,$$

即 $\lambda(x,\alpha)+(1-\lambda)(y,\beta)\in\text{epi}(f)$. 因此, $\text{epi}(f)$ 为凸集, 即 f 为凸函数. □

下面的结果将命题3.3中的两点凸组合推广到任意点的凸组合.

推论 3.4 (Jensen 不等式) *函数 $f:\mathbb{E}\to\overline{\mathbb{R}}$ 是凸的, 当且仅当*

$$f\left(\sum_{i=1}^{p}\lambda_i x_i\right)\leqslant\sum_{i=1}^{p}\lambda_i f(x_i),\quad\forall x_i\in\mathbb{E},\quad i=1,\cdots,p,\quad\lambda\in\Delta_p.$$

下面我们给出函数限制在定义域某个子集上凸性的概念.

定义 3.5 (子集上的凸性) *给定非空凸集 $C\subseteq\text{dom}(f)$, 称 $f:\mathbb{E}\to\overline{\mathbb{R}}$ 为 C 上的凸函数, 若*

$$f(\lambda x+(1-\lambda)y)\leqslant\lambda f(x)+(1-\lambda)f(y),\quad\forall x,y\in C.$$

推论 3.6 *设 $f:\mathbb{E}\to\overline{\mathbb{R}}$. 则下述结论等价:*

(1) f 凸;

(2) f 在其定义域上凸.

证明 一方面, 由命题3.3, (1) $\Rightarrow$ (2) 显然成立. 另一方面, 若 x 或 y 不在 f 的定义域内, 则不等式 (3.1.1) 显然成立 (不等式右端为 $+\infty$). 因此由 (2) 可推出 (1). □

注释 3.7 *由推论3.6我们可以得到如下结论: 函数 $f:\mathbb{E}\to\overline{\mathbb{R}}$ 为适定的凸函数, 若存在非空凸集 $C\subseteq\mathbb{E}$, 使得 f 在 C 上适定凸, 在 C 外取 $+\infty$.*

为了方便起见, 我们引入如下两个记号:

$$\Gamma:=\Gamma(\mathbb{E}):=\left\{f:\mathbb{E}\to\overline{\mathbb{R}}\mid f\text{ 是适定的凸函数}\right\},$$

$$\Gamma_0:=\Gamma_0(\mathbb{E}):=\left\{f:\mathbb{E}\to\overline{\mathbb{R}}\mid f\text{ 是适定的下半连续的凸函数}\right\}.$$

我们将在后续的讨论中经常用到上述记号.

下面引入严格凸和强凸的概念.

定义 3.8 (严格凸与强凸 (strict convexity and strong convexity)) 设 $f \in \Gamma$, $C \subseteq \mathrm{dom}(f)$ 凸. 则

(1) 称 f 在 C 上严格凸, 若

$$f(\lambda x + (1-\lambda)y) < \lambda f(x) + (1-\lambda)f(y), \quad \forall x, y \in C, \quad x \neq y, \quad \lambda \in (0,1);$$

(2) 称 f 在 C 上 σ-强凸, 若存在 $\sigma > 0$, 使得

$$f(\lambda x + (1-\lambda)y) \leqslant \lambda f(x) + (1-\lambda)f(y) - \frac{\sigma}{2}\lambda(1-\lambda)\|x-y\|^2,$$
$$\forall x, y \in C, \quad \lambda \in (0,1).$$

称常数 $\sigma > 0$ 为 f(在 C 上) 的强凸系数 (modulus of strong convexity).

若 $C = \mathrm{dom}(f)$, 我们分别简称满足上述条件的 f 为严格凸或强凸函数.

命题 3.9 (强凸性的等价刻画) 给定 $f \in \Gamma$, $C \subseteq \mathrm{dom}(f)$ 凸. 则 f 在 C 上 σ-强凸 ($\sigma > 0$) 当且仅当 $f - \sigma\|\cdot\|^2/2$ 在 C 上凸.

证明 一方面, 若 f 是 C 上的 σ-强凸函数, 则对任意 $\lambda \in (0,1)$ 及 $x, y \in C$, 有

$$\begin{aligned}
&f(\lambda x + (1-\lambda)y) - \frac{\sigma}{2}\|\lambda x + (1-\lambda)y\|^2 \\
\leqslant\ & \lambda f(x) + (1-\lambda)f(y) - \frac{\sigma}{2}\left(\lambda(1-\lambda)\|x-y\|^2 + \|\lambda x + (1-\lambda)y\|^2\right) \\
=\ & \lambda\left(f(x) - \frac{\sigma}{2}\|x\|^2\right) + (1-\lambda)\left(f(y) - \frac{\sigma}{2}\|y\|^2\right),
\end{aligned}$$

即 $f - \sigma\|\cdot\|^2/2$ 在 C 上凸.

另一方面, 假设 $f - \sigma\|\cdot\|^2/2$ 在 C 上凸, 则对任意 $\lambda \in (0,1)$ 以及 $x, y \in C$, 有

$$\begin{aligned}
&f(\lambda x + (1-\lambda)y) \\
\leqslant\ & \lambda f(x) + (1-\lambda)f(y) + \frac{\sigma}{2}\left(\|\lambda x + (1-\lambda)y\|^2 - \lambda\|x\|^2 - (1-\lambda)\|y\|^2\right) \\
=\ & \lambda f(x) + (1-\lambda)f(y) - \frac{\sigma}{2}\lambda(1-\lambda)\|x-y\|^2.
\end{aligned}$$

因此 f 在 C 上 σ-强凸. □

如下我们给出几个简单凸函数的例子.

例 3.10 (凸函数的例子)

(1) (仿射函数) 任意仿射函数 $F: \mathbb{E} \to \mathbb{R}$ 是凸函数;

(2) (凸集的指示函数) 集合 $C \subseteq \mathbb{E}$ 的指示函数 δ_C 是凸函数当且仅当 C 是凸集;

(3) (范数) $\mathbb{E}$ 上的任意范数 $\|\cdot\|_*$ 是凸函数.

3.1.1 保凸运算

本节主要讨论几类保凸运算，即从已知的凸函数经过一些运算得到新的凸函数.

命题 3.11 (凸函数的正组合) 给定 $f_i:\mathbb{E}\to\overline{\mathbb{R}}$ 凸 (且下半连续), $\alpha_i\geqslant 0$, $i=1,\cdots,p$. 则

$$\sum_{i=1}^{p}\alpha_i f_i$$

凸 (且下半连续). 若进一步有 $\bigcap_{i=1}^{p}\operatorname{dom}(f_i)\neq\varnothing$, 则 f 是适定的.

证明 凸性由不等式 (3.1.1) 可得. 下半连续性和适定性由给定的条件可易得. □

命题 3.12 (凸函数的逐点最大) 对任意给定的指标集 I, f_i 凸 (且下半连续), $\forall i\in I$. 则函数 $f:=\sup_{i\in I}f_i$, 即

$$f(x)=\sup_{i\in I}f_i(x),\quad \forall x\in\mathbb{E}$$

凸 (且下半连续).

证明 注意到

$$\operatorname{epi}(f)=\left\{(x,\alpha)\;\middle|\;\sup_{i\in I}f_i(x)\leqslant\alpha\right\}=\{(x,\alpha)\mid\forall i\in I: f_i(x)\leqslant\alpha\}=\bigcap_{i\in I}\operatorname{epi}(f_i).$$

由凸 (闭) 集的交仍是凸 (闭) 集可知 f 是凸 (下半连续) 的. □

命题 3.13 (凸函数与仿射映射的复合) 设 $H:\mathbb{E}_1\to\mathbb{E}_2$ 为仿射映射, $g:\mathbb{E}_2\to\overline{\mathbb{R}}$ 凸 (且下半连续). 则函数 $f:=g\circ H$ 是凸 (且下半连续) 的.

证明 对任意 $x,y\in\mathbb{E}_1$ 及任意 $\lambda\in(0,1)$, 我们有

$$\begin{aligned}f(\lambda x+(1-\lambda)y)&=g(\lambda H(x)+(1-\lambda)H(y))\\&\leqslant\lambda g(H(x))+(1-\lambda)g(H(y))=\lambda f(x)+(1-\lambda)f(y),\end{aligned}$$

因此 f 是凸的. f 的闭性可由 g 的闭性以及 H(仿射映射) 的连续性得到. □

命题 3.14 (单调递增凸函数与凸函数的复合) 设函数 f 凸 (且下半连续), $g:\mathbb{R}\to\overline{\mathbb{R}}$ 凸 (且下半连续), 单增, $g(+\infty):=+\infty,\lim_{x\to\infty}g(x)=+\infty$. 则函数 $g\circ f$ 凸 (且下半连续). 进一步, 若存在 x_0 使得 $f(x_0)\in\operatorname{dom}(g)$, 则 $g\circ f$ 是适定的.

命题 3.15 (上复合 (epi-composition)) 设 $f \in \Gamma$, $L \in \mathcal{L}(\mathbb{E}, \mathbb{E}')$. 定义函数 $Lf : \mathbb{E}' \to \overline{\mathbb{R}}$ 为

$$(Lf)(y) := \inf\{f(x) \mid L(x) = y\}.$$

则 Lf 是凸的.

证明 我们首先证明, 对线性映射 $T : (x, \alpha) \mapsto (L(x), \alpha)$, 有

$$\mathrm{epi}_<(Lf) = T(\mathrm{epi}_<(f)), \tag{3.1.2}$$

其中,

$$\mathrm{epi}_< Lf = \{(y, \alpha) \mid (Lf)(y) < \alpha\}, \quad \mathrm{epi}_<(f) = \{(x, \alpha) \mid f(x) < \alpha\}.$$

一方面, 对任意 $(x, \alpha) \in \mathrm{epi}_<(f)$, 我们有 $T(x, \alpha) = (L(x), \alpha)$ 且

$$(Lf)(L(x)) = \inf_z\{f(z) \mid L(z) = L(x)\} \leqslant f(x) < \alpha.$$

因此, $T(x, \alpha) \in \mathrm{epi}_<(Lf)$.

另一方面, 任取 $(y, \alpha) \in \mathrm{epi}_<(Lf)$, 由定义可知 $\inf\{f(z) \mid L(z) = y\} < \alpha$, 则 $L^{-1}(y) \neq \varnothing$, 因此存在 $x \in L^{-1}(y)$ 使得 $f(x) < \alpha$. 故 (x, α) 满足 $T(x, \alpha) = (y, \alpha)$ 且 $(x, \alpha) \in \mathrm{epi}_<(f)$. 结合上述两方面的讨论, 等式 (3.1.2) 成立.

由 f 是凸函数, 我们可知 $\mathrm{epi}_<(f)$ 是凸集. 进一步, T 是线性的, 则由等式 (3.1.2) 可知 $\mathrm{epi}_<(Lf)$ 也是凸集, 故 Lf 是凸函数. □

3.1.2 可微凸函数

本小节重点研究可微凸函数的等价刻画. 为此, 我们需要把可微的概念推广到拓展实值函数. 特别地, 给定拓展实值函数 $f : \mathbb{E} \to \overline{\mathbb{R}}$, 我们称函数 f 在点 $x \in \mathrm{ri}(\mathrm{dom}(f))$ 处可微, 如果 f 限制在集合 $\mathrm{ri}(\mathrm{dom}(f))$ 上在点 x 处可微. 二阶以及更高阶可微性可以类似定义.

下面我们给出可微凸函数的简洁等价刻画.

命题 3.16 (一阶刻画) 设 $f : \mathbb{E} \to \overline{\mathbb{R}}$ 在凸开集 $C \subseteq \mathrm{int}(\mathrm{dom}(f))$ 上可微. 则下述结论成立:

(1) f 在 C 上凸当且仅当

$$f(x) \geqslant f(\bar{x}) + \langle \nabla f(\bar{x}), x - \bar{x} \rangle, \quad \forall x, \bar{x} \in C; \tag{3.1.3}$$

(2) f 在 C 上严格凸当且仅当 (3.1.3) 式对所有 $x \neq \bar{x}$ 严格成立;

(3) f 在 C 上 σ-强凸 ($\sigma > 0$) 当且仅当

$$f(x) \geqslant f(\bar{x}) + \langle \nabla f(\bar{x}), x - \bar{x} \rangle + \frac{\sigma}{2}\|x - \bar{x}\|^2, \quad \forall x, \bar{x} \in C. \tag{3.1.4}$$

证明 (1) 首先给定凸函数 f, 我们证明不等式 (3.1.3). 对任意 $x, \bar{x} \in C$ 及 $\lambda \in (0,1)$, 由 f 的凸性有

$$f(\bar{x}+\lambda(x-\bar{x}))-f(\bar{x}) \leqslant \lambda(f(x)-f(\bar{x})).$$

由于 f 是 C 上的可微函数, 将不等式两端同时除以 λ 并令 $\lambda \to 0$, 可以得到

$$\langle \nabla f(\bar{x}), x-\bar{x} \rangle \leqslant f(x)-f(\bar{x}),$$

即不等式 (3.1.3) 成立.

另一方面, 假设不等式 (3.1.3) 成立. 给定 C 中任意两点 x_1, x_2 及 $\lambda \in (0,1)$, 定义 $\bar{x} := \lambda x_1 + (1-\lambda)x_2 \in C$. 则由 (3.1.3) 式有

$$f\left(x_i\right) \geqslant f(\bar{x})+\langle \nabla f(\bar{x}), x_i-\bar{x} \rangle, \quad i=1,2.$$

将上述得到的两个不等式分别乘 λ 和 $1-\lambda$ 并相加, 可以得到

$$\begin{aligned} \lambda f\left(x_1\right)+(1-\lambda) f\left(x_2\right) & \geqslant f(\bar{x})+\langle \nabla f(\bar{x}), \lambda x_1+(1-\lambda) x_2-\bar{x} \rangle \\ & = f\left(\lambda x_1+(1-\lambda) x_2\right). \end{aligned}$$

由 x_1, x_2 的任意性可知 f 是 C 上的凸函数.

(2) 若 f 是 C 上的严格凸函数, 则对 $x, \bar{x} \in C, x \neq \bar{x}$ 和 $\lambda \in (0,1)$, 有

$$f(\bar{x}+\lambda(x-\bar{x}))-f(\bar{x}) < \lambda(f(x)-f(\bar{x})).$$

而由 (1) 可知

$$\langle \nabla f(\bar{x}), \lambda(x-\bar{x}) \rangle \leqslant f(\bar{x}+\lambda(x-\bar{x}))-f(\bar{x}).$$

结合上述两个不等式可得

$$\langle \nabla f(\bar{x}), x-\bar{x} \rangle < f(x)-f(\bar{x}).$$

另一方向的证明和 (1) 的证明类似, 只需将所有的 $\geqslant$ 改为 $>$.

(3) 由命题3.9, f 是 C 上的 σ-强凸函数等价于 $f-\sigma\|\cdot\|^2/2$ 是 C 上的凸函数. 进一步将 (1) 应用于 $f-\sigma\|\cdot\|^2/2$ 可得结论. □

接下来给出可微凸函数的另一个基于梯度映射单调性的等价刻画. 我们首先给出可微凸函数的链式法则. 给定开集 $\Omega_i \subseteq \mathbb{E}_i$ $(i=1,2)$. 若 $f: \Omega_1 \subseteq \mathbb{E}_1 \to \mathbb{E}_2$ 在点 $\bar{x} \in \Omega_1$ 处可微且 $g: \Omega_2 \to \mathbb{E}_3$ 在点 $f(\bar{x}) \in \Omega_2$ 处可微, 则 $g \circ f: \Omega_1 \to \mathbb{E}_3$ 在 $\bar{x}$ 处可微且

$$(g \circ f)'(\bar{x})=g'(f(\bar{x})) f'(\bar{x}).$$

推论 3.17 (梯度映射的单调性) 设 $f:\mathbb{E}\to\overline{\mathbb{R}}$ 为开集 $\Omega\subseteq \operatorname{int}(\operatorname{dom}(f))$ 上的可微函数, $C\subseteq\Omega$ 为凸集. 则下述结论成立:

(1) f 在 C 上凸当且仅当

$$\langle\nabla f(x)-\nabla f(y),x-y\rangle\geqslant 0,\quad \forall x,y\in C; \tag{3.1.5}$$

(2) f 在 C 上严格凸当且仅当对 $x\neq y$, 不等式 (3.1.5) 严格成立;

(3) f 在 C 上 σ-强凸 $(\sigma>0)$ 当且仅当

$$\langle\nabla f(x)-\nabla f(y),x-y\rangle\geqslant \sigma\|x-y\|^2,\quad \forall x,y\in C. \tag{3.1.6}$$

证明 我们首先证明 (1) 和 (3) 的必要性. 令 f 是 C 上的 σ-强凸函数, 则由命题3.16 (3) 可知, 对任意 $x,y\in C$, 下面两个不等式成立:

$$f(x)\geqslant f(y)+\langle\nabla f(y),x-y\rangle+\frac{\sigma}{2}\|x-y\|^2,$$

$$f(y)\geqslant f(x)+\langle\nabla f(x),y-x\rangle+\frac{\sigma}{2}\|x-y\|^2.$$

将其相加可得 (3.1.6) 式. 进一步令 $\sigma=0$, 可以得到 (3.1.5) 式.

下面我们证明 (1) 和 (3) 的充分性. 令 x,y 为 C 中任意给定的两点, 定义函数

$$\varphi:I\to\mathbb{R},\quad \varphi(t):=f(x+t(y-x)),$$

其中 I 是一个包含 $[0,1]$ 的开区间. 对任意 $t\in[0,1]$, 定义 $x_t:=x+t(y-x)\in C$. 则 φ 在 I 上可微且 $\varphi'(t)=\langle\nabla f(x_t),y-x\rangle$. 因此对任意 $0\leqslant s<t\leqslant 1$, 我们有

$$\begin{aligned}\varphi'(t)-\varphi'(s)&=\langle\nabla f(x_t)-\nabla f(x_s),y-x\rangle\\&=\frac{1}{t-s}\langle\nabla f(x_t)-\nabla f(x_s),x_t-x_s\rangle.\end{aligned} \tag{3.1.7}$$

若不等式 (3.1.5) 或 (3.1.6) 成立, 则 φ' 在 $[0,1]$ 上单调不减, 因此 φ 在 $(0,1)$ 上凸 (单变量凸函数的性质), 即 f 在线段 (x,y) 上凸. 由 $x,y\in C$ 的任意性可知 f 在 C 上凸.

下面我们由 (3.1.6) 式证明 f 的强凸性. 在 (3.1.7) 式中令 $s=0$, 并利用 (3.1.6) 式可以得到

$$\varphi'(t)-\varphi'(0)\geqslant\frac{\sigma}{t}\|x_t-x\|^2=t\sigma\|y-x\|^2. \tag{3.1.8}$$

进一步, 由上述不等式以及 φ 的定义, 我们有

$$\begin{aligned}f(y)-f(x)-\langle\nabla f(x),y-x\rangle&=\varphi(1)-\varphi(0)-\varphi'(0)\\&=\int_0^1[\varphi'(t)-\varphi'(0)]\,dt\\&\geqslant\int_0^1 t\sigma\|y-x\|^2\,dt\\&=\frac{\sigma}{2}\|y-x\|^2.\end{aligned}\tag{3.1.9}$$

由 $x,y\in C$ 的任意性以及命题3.16(3), f 在 C 上 σ-强凸.

(2) 可类似证明. 只需在 (3.1.8) 式和 (3.1.9) 式中取 $\sigma=0$ 并将不等号改为严格不等号. □

二阶可微函数凸性的等价性刻画由下述定理给出.

定理 3.18 (二阶可微凸函数) 设 $f:\mathbb{E}\to\overline{\mathbb{R}}$ 为开凸集 $\Omega\subseteq\operatorname{int}(\operatorname{dom}(f))$ 上的二阶可微函数. 则下述结论成立:

(1) f 在 Ω 上凸当且仅当对任意 $x\in\Omega$, $\nabla^2 f(x)$ 半正定;

(2) 若对任意 $x\in\Omega$, $\nabla^2 f(x)$ 正定, 则 f 在 Ω 上严格凸;

(3) f 在 Ω 上 σ-强凸 $(\sigma>0)$ 当且仅当对任意 $x\in\Omega$, $\nabla^2 f(x)$ 的最小特征值大于等于 σ.

证明 给定 $x\in\Omega, d\in\mathbb{E}$. 由 Ω 是开集可知, 区间 $I:=I(x,d):=\{t\in\mathbb{R}\mid x+td\in\Omega\}$ 也是开集. 定义函数

$$\varphi:\mathbb{R}\to\mathbb{R},\quad \varphi(t):=f(x+td).\tag{3.1.10}$$

则 φ 在 I 上二阶可微且 $\varphi''(t)=\langle\nabla^2 f(x+td)d,d\rangle$.

(1) 首先, 我们假设 f 是 Ω 上的凸函数. 给定任意 $x\in\Omega$ 及 $d\in\mathbb{E}\backslash\{0\}$, 由命题3.13可知, (3.1.10) 式定义的函数 φ 是 I 上的凸函数. 进一步利用单变量凸函数的性质可得

$$0\leqslant\varphi''(t)=\left\langle\nabla^2 f(x+td)d,d\right\rangle.$$

令 $t=0$, 则由 d 的任意性, 有 $\nabla^2 f(x)$ 半正定.

另一方面, 任取 Ω 中两点 x,y, 令 $d:=y-x$ 并假设 $\nabla^2 f(x+td)$ 半正定. 则对 (3.1.10) 式定义的函数 φ, 我们有 $\varphi''(t)\geqslant 0,\forall t\in[0,1]\subseteq I$. 进一步由单变量凸函数的性质可知 φ 是 $(0,1)$ 上的凸函数, 即 f 在线段 (x,y) 上凸. 由 $x,y\in\Omega$ 的任意性, f 是 Ω 上的凸函数.

(2) 给定 Ω 中任意不同的两点 x,y $(x\neq y)$, 令 $d:=y-x$. 由于函数 φ' 在 $(0,1)$ 上可微, 由中值定理可知, 存在 $\tau\in(0,1)$ 使得

$$\langle\nabla f(y)-\nabla f(x),y-x\rangle=\varphi'(1)-\varphi'(0)=\varphi''(\tau)=\left\langle\nabla^2 f(x+\tau d)d,d\right\rangle>0.$$

由推论 3.17(2), 结论成立.

(3) 由命题 3.9, 我们可以将结论 (1) 应用于函数 $g := f - \sigma\|\cdot\|^2/2$. 注意到对任意 $x \in \Omega$, $\nabla^2 g(x) = \nabla^2 f(x) - \sigma I$. 记 $\nabla^2 f(x)$ 的特征值为 $\lambda_1, \cdots, \lambda_N$, 则 $\nabla^2 g(x)$ 的特征值为 $\lambda_i - \sigma$ $(i = 1, \cdots, N)$. 由一个对称矩阵为半正定矩阵当且仅当它的特征值均非负, 我们可以得到 $\lambda_i \geqslant \sigma$ $(i = 1, \cdots, N)$. □

值得一提的是, 定理 3.18 中关于严格凸性的条件是充分但不必要的. 考虑函数 $x \mapsto x^4/4$. 显然, 此函数是严格凸的, 但 $f''(0) = 0$.

下面我们利用定理 3.18 中的二阶性条件证明负对数-行列式函数的严格凸性.

例 3.19 (负对数-行列式函数) *考虑函数*

$$f : \mathbb{S}^n \to \overline{\mathbb{R}}, \quad f(x) := \begin{cases} -\log(\det(X)), & \text{如果 } X \succ 0, \\ +\infty, & \text{否则}. \end{cases}$$

称其为负对数-行列式函数. 则 f 适定、连续、严格凸. 特别地, $f \in \Gamma_0(\mathbb{S}^n)$.

证明 f 的适定性和连续性可从例 1.5 和例 1.10 得到, 且

$$\nabla f(X) = -X^{-1}, \quad \nabla^2 f(X)(\cdot) = X^{-1}(\cdot)X^{-1}, \quad \forall X \succ 0.$$

特别地, 对任意 $X \in \mathrm{dom}(f)$ 和 $H \in \mathbb{S}_n \backslash \{0\}$, 有

$$\left\langle \nabla^2 f(X)(H), H \right\rangle = \mathrm{tr}\left(X^{-1}HX^{-1}H\right) = \mathrm{tr}\left(\left(HX^{-1/2}\right)^{\mathrm{T}} X^{-1}\left(HX^{-1/2}\right)\right) > 0,$$

其中最后一个严格不等式由 $X^{-1} \succ 0$ 及 $HX^{-1/2} \neq 0$ 可得. 因此由定理 3.18, f 严格凸. □

3.2 极小化问题与凸性

本节我们考虑如下形式的极小化问题:

$$\inf_{x \in C} f(x), \tag{3.2.1}$$

其中 $C \subseteq \mathbb{E}$ 为非空闭集, $f : \mathbb{E} \to \overline{\mathbb{R}}$ 下半连续. 利用集合 C 的指示函数, 问题 (3.2.1) 可写为如下等价形式:

$$\inf_{x \in \mathbb{E}} f(x) + \delta_C(x).$$

我们将在后续的讨论中经常使用这一等价性. 若 $f \in \Gamma_0$ 且 C 为凸集, 我们称 (3.2.1) 为**凸极小化 (优化) 问题** (convex minimization/optimization problem). 本节中我们主要研究优化问题 (3.2.1) 解的存在性和唯一性.

3.2.1 一般的存在性结果

优化问题 (3.2.1) 解的存在性与其目标函数的强制性紧密相关, 与其目标函数的凸性关系并不大. 下面我们首先给出函数强制性的定义.

定义 3.20 (强制性与超强制性 (coercivity and supercoercivity)) *称函数 $f:\mathbb{E}\to\overline{\mathbb{R}}$ 是*

(1) *强制的, 若*

$$\lim_{\|x\|\to+\infty} f(x)=+\infty;$$

(2) *超强制的, 若*

$$\lim_{\|x\|\to+\infty} \frac{f(x)}{\|x\|}=+\infty.$$

文献中关于强制性的命名和使用并不统一, 例如在有的文献中用 0-强制性和 1-强制性代替上述定义中的强制性和超强制性.

事实上, 函数的强制性与其水平集有界完全等价.

引理 3.21 (水平集有界 = 强制性) *函数 $f:\mathbb{E}\to\overline{\mathbb{R}}$ 是强制的当且仅当它水平集有界.*

下述命题 3.22 表明, 我们可以较容易地验证下半连续的凸函数的强制性.

命题 3.22 (凸函数的强制性) *设函数 $f\in\Gamma_0$. 则 f 是强制的当且仅当存在 $\alpha\in\mathbb{R}$ 使得 $\mathrm{lev}_{\leqslant\alpha}(f)$ 非空且有界.*

证明 首先假设 f 是强制的, 则由引理 3.21 可知其所有水平集有界, 又由于 f 是适定的, 一定存在一个非空水平集.

另一方面, 假设存在 $\alpha>0$, 使得 $\mathrm{lev}_{\leqslant\alpha}(f)$ 非空且有界. 则显然, 对所有 $\gamma<\alpha$, $\mathrm{lev}_{\leqslant\gamma}(f)$ 均有界. 因此我们只需证明对所有 $\gamma>\alpha$, $\mathrm{lev}_{\leqslant\gamma}(f)$ 亦有界. 下面使用反证法证明. 假设不然, 取 $x\in\mathrm{lev}_{\leqslant\alpha}(f)$ 及 $v\in(\mathrm{lev}_{\leqslant\gamma}(f))^{\infty}$ (由命题 2.55 保证存在性). 由于 f 是下半连续且凸的, $\mathrm{lev}_{\leqslant\gamma}(f)$ 是闭且凸的. 则由推论 2.58,

$$x+\lambda v\in\mathrm{lev}_{\leqslant\gamma}(f),\quad \forall\lambda>0. \tag{3.2.2}$$

注意到, 对所有 $\lambda>1$, 有

$$x+v=\left(1-\frac{1}{\lambda}\right)x+\frac{1}{\lambda}(x+\lambda v).$$

进一步由 f 的凸性和 (3.2.2) 式, 我们可以得到

$$f(x+v)\leqslant\left(1-\frac{1}{\lambda}\right)f(x)+\frac{1}{\lambda}f(x+\lambda v)\leqslant\left(1-\frac{1}{\lambda}\right)f(x)+\frac{1}{\lambda}\gamma.$$

在不等式两边令 $\lambda \to +\infty$, 并利用 $x \in \text{lev}_{\leqslant\alpha}(f)$, 可得

$$f(x+v) \leqslant f(x) \leqslant \alpha.$$

由 $v \in (\text{lev}_{\leqslant\gamma}(f))^\infty$ 选取的任意性,

$$x + (\text{lev}_{\leqslant\gamma}(f))^\infty \subseteq \text{lev}_{\leqslant\alpha}(f).$$

由假设, $\text{lev}_{\leqslant\alpha}(f)$ 有界, 则锥 $(\text{lev}_{\leqslant\gamma}(f))^\infty$ 有界. 因此, $(\text{lev}_{\leqslant\gamma}(f))^\infty = \{0\}$. 进一步由命题 2.55 可知, $\text{lev}_{\leqslant\gamma}(f)$ 有界, 推出矛盾. □

我们接下来阐述本节的主要结果, 即优化问题 (3.2.1) 解的存在性. 首先, 利用函数强制性的概念, 我们可以将定理 1.15 重新叙述成如下的推论 3.23.

推论 3.23 (极小值的存在性) 设函数 $f: \mathbb{E} \to \overline{\mathbb{R}}$ 是下半连续的, $C \subseteq \mathbb{E}$ 闭, $\text{dom}(f) \cap C \neq \varnothing$. 假设以下条件之一成立, 则 f 在 C 上有极小点.

(1) f 是强制的;

(2) C 有界.

证明 考虑函数 $g = f + \delta_C$, 则

$$\text{lev}_{\leqslant\alpha}(g) = C \cap \text{lev}_{\leqslant\alpha}(f), \quad \forall \alpha \in \mathbb{R}.$$

则由假设 (1) (以及引理 3.21) 或假设 (2), g 的水平集闭 (进而 g 是下半连续的) 且有界, 由命题 1.15, 结论成立. □

接下来我们将上述存在性结果应用到目标函数是两个函数之和的情况.

推论 3.24 (极小值的存在性 II) 设函数 $f, g: \mathbb{E} \to \overline{\mathbb{R}}$ 下半连续, 且 $\text{dom}(f) \cap \text{dom}(g) \neq \varnothing$. 若 f 是强制的且 g 下有界, 则 $f + g$ 是强制的且 (在 $\mathbb{E}$ 上) 存在极小点.

证明 首先 $f + g$ 是下半连续的. 则由推论 3.23, 我们只需证明 $f + g$ 是强制的. 令 $g^* := \inf\limits_{\mathbb{E}} g > -\infty$, 我们有

$$f(x) + g(x) \geqslant f(x) + g^* \underset{\|x\| \to \infty}{\longrightarrow} +\infty. \qquad \square$$

3.2.2 凸极小化问题

本小节主要讨论凸极小化问题解的性质. 回忆定义 2.50 中定义的局部极小点和全局极小点. 本小节的第一个结果是凸极小化问题的每个局部极小点都是全局极小点.

命题 3.25 设 $f \in \Gamma$. 则 f 的局部极小点都是全局极小点.

证明 令 $\bar{x}$ 为 f 的任意给定的局部极小点. 假设存在 $\hat{x}$ 使得 $f(\hat{x}) < f(\bar{x})$. 定义 $x_\lambda := \lambda\hat{x} + (1-\lambda)\bar{x}$, $\lambda \in (0,1)$. 一方面, 由 f 的凸性我们有

$$f(x_\lambda) \leqslant \lambda f(\hat{x}) + (1-\lambda)f(\bar{x}) < f(\bar{x}), \quad \forall\lambda \in (0,1).$$

而另一方面, $x_\lambda \to \bar{x}$ $(\lambda \downarrow 0)$, 这与 $\bar{x}$ 是局部极小点矛盾. 因此不存在假设中的 $\hat{x}$, 即 $\bar{x}$ 是 f 的全局极小点. □

通过引入可行集的指示函数, 我们可等价地将约束优化问题写为无约束优化问题. 基于此我们可立即得到关于约束凸极小化问题的如下结果.

推论 3.26 (凸极小化问题的极小点) 设 $f \in \Gamma$, $C \subseteq \mathbb{E}$ 非空凸. 则 f 在 C 上的局部极小点都是 f 在 C 上的全局极小点.

证明 将命题3.25应用于函数 $f + \delta_C$ (由命题3.11知其为凸函数) 可得. □

下面的结果表明凸优化问题的解集是凸的.

命题 3.27 设 $f \in \Gamma$. 则 $\arg\min_{\mathbb{E}} f$ 是凸集.

证明 若 $f^* := \inf f \in \mathbb{R}$, 我们有 $\arg\min_{\mathbb{E}} f = \mathrm{lev}_{\leqslant f^*}(f)$. 又由于 f 是凸函数, 其水平集为凸集, 则结论成立. □

推论 3.28 设 $f \in \Gamma$, $C \subseteq \mathbb{E}$ 凸. 则 $\arg\min_C f$ 是凸集.

证明 将命题3.27应用于 $f + \delta_C \in \Gamma$. □

目标函数的严格凸性可以保证凸极小化问题解的唯一性.

命题 3.29 (极小点的唯一性) 设 $f \in \Gamma$ 严格凸. 则 f 至多有一个极小点.

证明 假设 $x, y \in \arg\min f$, 即 $\inf f = f(x) = f(y)$. 若 $x \neq y$, 由 f 的严格凸性, 对任意 $\lambda \in (0,1)$ 有

$$f(\lambda x + (1-\lambda)y) < \lambda f(x) + (1-\lambda)f(y) = \inf f,$$

矛盾. 故 $x = y$. □

推论 3.30 (凸函数和的极小化) 设 $f, g \in \Gamma_0$ 且 $\mathrm{dom}(f) \cap \mathrm{dom}(g) \neq \varnothing$. 假设下述条件之一成立, 则 $f + g$ 是强制的且 (在 $\mathbb{E}$ 上) 有极小点.

(1) f 是超强制的;

(2) f 是强制的且 g 下有界.

进一步, 若 f 或 g 严格凸, $f + g$ 有唯一极小点.

证明 $f + g \in \Gamma_0$, 特别地, $f + g$ 是下半连续的. 因此对于第一个断言, 由推论3.23, 我们只需证明 $f + g$ 在假设 (1) 或 (2) 下是强制的. 若 f 是超强制的, 则由习题 3.9 知, $f + g$ 是超强制的, 进而其也是强制的; 在假设 (2) 下, 由推论3.24可立知 $f + g$ 是强制的.

若 f 或 g 严格凸, 则 $f + g \in \Gamma_0$ 严格凸. 由命题3.29极小点唯一. □

最后, 我们考虑参数最小化问题. 此类问题的目标函数是另一类凸优化问题的最优值, 这一类最小化问题和其对应的目标函数在我们之后的分析中非常有用.

命题 3.31 (参数最小化 (parametric minimization)) 设 $h:\mathbb{E}_1\times\mathbb{E}_2\to\overline{\mathbb{R}}$ 为凸函数. 则最优值函数

$$\varphi:\mathbb{E}_1\to\overline{\mathbb{R}},\ \varphi(x):=\inf_{y\in\mathbb{E}_2}h(x,y)$$

也是凸函数. 进一步, 集值映射

$$x\mapsto\operatorname*{arg\,min}_{y\in\mathbb{E}_2}h(x,y)\subseteq\mathbb{E}_2$$

是凸值的.

证明 定义线性映射 $L:(x,y,\alpha)\mapsto(x,\alpha)$, 容易验证, $\mathrm{epi}_<(\varphi)=L(\mathrm{epi}_<(h))$. 则由 h 凸可知 φ 凸.

对任意 $x\in\mathbb{E}_1$, $y\mapsto h(x,y)$ 凸, 则由命题 3.27 可知上述集值映射凸值. □

3.3 凸函数的仿射下界

本节中我们将证明凸函数的仿射下界定理. 凸函数的仿射下界定理指的是每一个适定的凸函数都存在一个**仿射下界** (affine minorant) 使得在凸函数的定义域相对内部的每一个点, 函数本身的取值都大于等于仿射函数的取值. 在之后小节中, 我们将会清晰地看到, 仿射下界定理在关于凸函数的次微分以及对偶等很多结果的证明中都将起到重要的作用.

我们首先刻画凸函数上图的相对内部. 值得注意的是, 命题 3.32 中所描述的凸函数上图的相对内部与其严格上图 $\{(x,\alpha)\in\mathbb{E}\times\mathbb{R}\mid f(x)<\alpha\}$ 并不相同.

命题 3.32 (上图的相对内部) 设 $f:\mathbb{E}\to\overline{\mathbb{R}}$ 凸. 则

$$\mathrm{ri}(\mathrm{epi}(f))=\{(x,\alpha)\in\mathbb{E}\times\mathbb{R}\mid x\in\mathrm{ri}(\mathrm{dom}(f)),\ f(x)<\alpha\}.$$

证明 定义线性映射 $L:(x,\alpha)\in\mathbb{E}\times\mathbb{R}\mapsto x\in\mathbb{E}$. 由命题 2.24, 我们有

$$\mathrm{ri}(\mathrm{dom}(f))=\mathrm{ri}(L(\mathrm{epi}(f)))=L(\mathrm{ri}(\mathrm{epi}(f))).\tag{3.3.1}$$

任取 $x\in\mathrm{ri}(\mathrm{dom}(f))$,

$$\begin{aligned}L^{-1}(\{x\})\cap\mathrm{ri}(\mathrm{epi}(f))&=(\{x\}\times\mathbb{R})\cap\mathrm{ri}(\mathrm{epi}(f))\\&=\mathrm{ri}\left[(\{x\}\times\mathbb{R})\cap\mathrm{epi}(f)\right]\\&=\mathrm{ri}\left[\{x\}\times(f(x),+\infty)\right]\\&=\{x\}\times(f(x),+\infty),\end{aligned}$$

其中第二个等式利用了命题 2.23(2).

下面我们证明命题中的等式. 一方面, 任取 $(x,\alpha)\in \mathrm{ri}(\mathrm{epi}(f))$, 由 (3.3.1) 式可知, $x\in \mathrm{ri}(\mathrm{dom}(f))$. 因此, $(x,\alpha)\in L^{-1}(\{x\})\cap \mathrm{ri}(\mathrm{epi}(f)) = \{x\}\times(f(x),+\infty)$. 特别地, $\alpha > f(x)$.

另一方面, 若 $x\in \mathrm{ri}(\mathrm{dom}(f))$ 且 $f(x)<\alpha$, 则 $(x,\alpha)\in\{x\}\times(f(x),+\infty) = L^{-1}(\{x\})\cap \mathrm{ri}(\mathrm{epi}(f))$. 特别地, $(x,\alpha)\in \mathrm{ri}(\mathrm{epi}(f))$. □

接下来我们给出本节的主要结果, 即凸函数的仿射下界定理.

命题 3.33 (仿射下界定理) *设 $f\in\Gamma$ 且 $\bar{x}\in \mathrm{ri}(\mathrm{dom}(f))(\neq\varnothing)$. 则存在 $g\in\mathbb{E}$, 使得*

$$f(x)\geqslant f(\bar{x})+\langle g, x-\bar{x}\rangle,\quad \forall x\in\mathbb{E}. \tag{3.3.2}$$

特别地, 存在仿射映射

$$F: x\in\mathbb{E}\mapsto \langle g, x-\bar{x}\rangle + f(\bar{x})\in\mathbb{R}$$

是函数 f 的下界且在 $\bar{x}$ 点处与 f 相等.

证明 由命题 3.32, 我们有 $\mathrm{ri}(\mathrm{epi}(f)) = \{(x,\alpha)\mid x\in \mathrm{ri}(\mathrm{dom}(f)),\ f(x)<\alpha\}$. 则 $(\bar{x}, f(\bar{x}))\in \mathrm{rbd}(\mathrm{epi}(f))$. 由命题 2.80, $(\bar{x}, f(\bar{x}))$ 与 $\mathrm{epi}(f)$ 可被适度分离, 即存在 $(s,\eta)\in(\mathbb{E}\times\mathbb{R})\backslash\{0\}$, 使得

$$\langle (s,\eta),(x,\alpha)\rangle \leqslant \langle (s,\eta),(\bar{x}, f(\bar{x}))\rangle,\quad \forall (x,\alpha)\in \mathrm{epi}(f) \tag{3.3.3}$$

且

$$\langle (s,\eta),(x,\alpha)\rangle < \langle (s,\eta),(\bar{x}, f(\bar{x}))\rangle,\quad \forall (x,\alpha)\in \mathrm{ri}(\mathrm{epi}(f)). \tag{3.3.4}$$

取 $\alpha > f(\bar{x})$, 则 $(\bar{x},\alpha)\in \mathrm{ri}(\mathrm{epi}(f))$. 将其代入 (3.3.4) 式可得

$$\eta(\alpha - f(\bar{x})) < 0,$$

又由 $\alpha > f(\bar{x})$ 可知 $\eta < 0$.

令 $g := s/|\eta|$. 将不等式 (3.3.3) 两端同时除以 $|\eta|$, 我们可以得到

$$\langle (g,-1),(x,\alpha)\rangle \leqslant \langle (g,-1),(\bar{x}, f(\bar{x}))\rangle,\quad \forall (x,\alpha)\in \mathrm{epi}(f),$$

即

$$\alpha \geqslant f(\bar{x})+\langle g, x-\bar{x}\rangle,\quad \forall (x,\alpha)\in \mathrm{epi}(f).$$

由于 f 是适定的, 则对任意 $x\in \mathrm{dom}(f)$, 有 $(x, f(x))\in \mathrm{epi}(f)$. 因此

$$f(x)\geqslant f(\bar{x})+\langle g, x-\bar{x}\rangle,\quad \forall x\in \mathrm{dom}(f).$$

另一方面, 对 $x\notin \mathrm{dom}(f)$, 不等式显然成立. □

3.4 凸函数的卷积下确界

本节中, 我们将讨论一类重要的保凸运算的性质, 即两个凸函数的卷积下确界的性质.

定义 3.34 (卷积下确界 (infimal convolution)) 给定 $f, g : \mathbb{E} \to \overline{\mathbb{R}}$. 则函数

$$f\#g : \mathbb{E} \to \overline{\mathbb{R}}, \quad (f\#g)(x) := \inf_{u\in\mathbb{E}}\{f(u) + g(x-u)\}$$

称为 f 和 g 的卷积下确界. 称卷积下确界 $f\#g$ 在 $x \in \mathbb{E}$ 处**精确** (exact), 若

$$\arg\min_{u\in\mathbb{E}}\{f(u) + g(x-u)\} \neq \varnothing;$$

称 $f\#g$ 精确, 若其在任意 $x \in \mathrm{dom}(f\#g)$ 处都精确.

注意到

$$(f\#g)(x) = \inf_{u_1,u_2:u_1+u_2=x}\{f(u_1) + g(u_2)\}.$$

基于此, 我们易得如下的结果.

引理 3.35 设 $f, g : \mathbb{E} \to \overline{\mathbb{R}}$. 则以下结论成立:

(1) $\mathrm{dom}(f\#g) = \mathrm{dom}(f) + \mathrm{dom}(g)$;

(2) $f\#g = g\#f$;

(3) $(f\#g)(x) \leqslant f(u) + g(x-u), \ \forall u \in \mathbb{E}$.

下述命题 3.36 说明两个凸函数的卷积下确界得到的函数仍然是凸函数.

命题 3.36 (凸函数的卷积下确界) 设函数 $f, g : \mathbb{E} \to \overline{\mathbb{R}}$ 凸. 则 $f\#g$ 凸.

证明 定义

$$h : \mathbb{E} \times \mathbb{E} \to \overline{\mathbb{R}}, \ \ h(x, y) := f(y) + g(x-y).$$

因为函数 $(x, y) \mapsto f(y)$ 以及函数 $(x, y) \mapsto g(x-y)$ 都是凸函数 (后者的凸性由命题 3.13 得到), 所以我们得到函数 h 关于 (x, y) 是凸的. 进一步, 由卷积下确界的定义, 我们有

$$(f\#g)(x) = \inf_{y\in\mathbb{E}} h(x, y),$$

从而由命题 3.31 可得结论. □

下面我们给出一个可以从凸函数卷积下确界构造出来的例子, 其与投影映射紧密相关.

例 3.37 (距离函数 (distance function)) 给定 $C \subseteq \mathbb{E}$. 称函数 $\mathrm{dist}_C := \delta_C \# \|\cdot\|$ 为到集合 C 的距离函数, 可以表示为

$$\mathrm{dist}_C(x) = \inf_{u \in C} \|x - u\|.$$

由引理 2.62, 若 $C \subseteq \mathbb{E}$ 为闭凸集, 我们有

$$\mathrm{dist}_C(x) = \|x - P_C(x)\|.$$

接下来将讨论凸函数卷积下确界的下半连续性. 一般来讲, 即使卷积下确界中的两个凸函数都是下半连续的, 得到的卷积下确界函数也不一定是下半连续的. 3.2.1节中的结果可以帮助我们得到卷积下确界函数的下半连续性.

命题 3.38 (Γ_0 中函数的卷积下确界) 设 $f, g \in \Gamma_0$. 假设以下条件之一成立, 则 $f\#g \in \Gamma_0$ 且 $f\#g$ 精确.

(1) f 是超强制的;

(2) f 是强制的且 g 下有界.

证明 由引理3.35, 我们有 $\mathrm{dom}(f\#g) = \mathrm{dom}(f) + \mathrm{dom}(g) \neq \varnothing$. 取 $x \in \mathrm{dom}(f\#g)$, 则由 $f\#g$ 的定义, 我们可以得到 $\mathrm{dom}(f) \cap \mathrm{dom}(g(x - (\cdot))) \neq \varnothing$. 进一步由推论3.30, 在假设 (1) 或 (2) 下, $f + g(x - (\cdot))$ 存在极小点. 因此, 对任意 $x \in \mathrm{dom}(f\#g)$, 存在 $u \in \mathbb{E}$, 使得

$$(f\#g)(x) = f(u) + g(x - u) \in \mathbb{R}.$$

特别地, $f\#g$ 是适定的且精确的. 又由命题3.36可知, $f\#g \in \Gamma$. 则下面我们只需证明 $f\#g$ 下半连续. 为此, 给定 $\bar{x} \in \mathbb{E}$, 考虑任意趋于 $\bar{x}$ 的序列: $\{x_k\} \to \bar{x}$ 且 $(f\#g)(x_k) \to \alpha$, 往证 $(f\#g)(\bar{x}) \leqslant \alpha$. 不失一般性, 我们假设 $\alpha < +\infty$ (否则不等式显然成立), 则 $x_k \in \mathrm{dom}(f\#g)$ (k 充分大). 因此, 由之前的讨论, 存在 $\{u_k \in \mathbb{E}\}$, 使得

$$(f\#g)(x_k) = f(u_k) + g(x_k - u_k), \quad \forall k \text{ 充分大}.$$

我们断言 $\{u_k\}$ 有界, 否则有 $0 \neq \|u_k\| \to +\infty$ (不失一般性, 若不然存在 $\{u_k\}$ 的子列). 下面我们说明在假设 (1) 或 (2) 下会与 $\|u_k\| \to +\infty$ 产生矛盾:

(1) 由命题3.33, g 存在仿射下界, 记为 $x \mapsto \langle b, x\rangle + \gamma$. 利用 Cauchy-Schwarz 不等式, 我们有

$$\begin{aligned}
\|u_k\| \left(\frac{f(u_k)}{\|u_k\|} - \|b\| \right) + \langle b, x_k\rangle + \gamma &\leqslant f(u_k) + \langle b, x_k - u_k\rangle + \gamma \\
&\leqslant f(u_k) + g(x_k - u_k) \\
&= (f\#g)(x_k) \to \alpha.
\end{aligned}$$

然而由于 f 是超强制的且由假设 $\|u_k\| \to \infty$, 上述不等式的左端趋于正无穷, 矛盾.

(2) 由 f 是强制的及 $\|u_k\| \to +\infty$, 我们知道 $f(u_k) \to +\infty$. 另一方面, 由于 $f(u_k) + g(x_k - u_k) \to \alpha < +\infty$, 我们有 $g(x_k - u_k) \to -\infty$. 这与 g 的下有界性矛盾.

因此, 在假设 (1) 或 (2) 下, 我们均可得到 $\{u_k\}$ 是有界的. 不失一般性, 我们假设 $u_k \to u$. 进而有

$$
\begin{aligned}
\alpha &= \lim_{k\to\infty} (f\#g)(x_k) \\
&= \lim_{k\to\infty} f(u_k) + g(x_k - u_k) \\
&\geqslant \liminf_{k\to\infty} f(u_k) + \liminf_{k\to\infty} g(x_k - u_k) \\
&\geqslant f(u) + g(\bar{x} - u) \\
&\geqslant (f\#g)(\bar{x}).
\end{aligned}
$$

□

我们接下来定义一类最重要且最常用的卷积下确界, 即 Moreau 包络.

定义 3.39 (Moreau 包络 (Moreau envelope) 与邻近映射 (proximal mapping)) 给定函数 $f : \mathbb{E} \to \overline{\mathbb{R}}$, 则函数 f 以 $\lambda > 0$ 为参数的 Moreau 包络 (也称为 Moreau-Yosida 正则化) $e_\lambda f : \mathbb{E} \to \overline{\mathbb{R}}$ 定义为

$$
e_\lambda f(x) := \inf_{u\in\mathbb{E}} \left\{ f(u) + \frac{1}{2\lambda} \|x - u\|^2 \right\}.
$$

函数 f 以 $\lambda > 0$ 为参数的邻近映射 (也称为邻近算子) $P_\lambda f : \mathbb{E} \rightrightarrows \mathbb{E}$ 定义为

$$
P_\lambda f(x) := \operatorname*{arg\,min}_{u\in\mathbb{E}} \left\{ f(u) + \frac{1}{2\lambda} \|x - u\|^2 \right\}.
$$

由定义易见

$$
e_\lambda(\alpha f) = \alpha e_{\alpha\lambda} f, \quad \forall \alpha, \lambda > 0. \tag{3.4.1}
$$

由 3.2 节中的讨论和上述等式, 我们易得下述结论.

命题 3.40 设 $f \in \Gamma_0$ 且 $\lambda > 0$. 则 $e_\lambda f \in \Gamma_0$ 且 $P_\lambda f$ 是单值的. 特别地, 集合 $P_\lambda f$ 非空.

证明 一方面, 对于邻近映射, 我们注意到, $\|x - (\cdot)\|^2/(2\lambda)$ 强凸 (因此其超强制且严格凸) 且连续 (因此其下半连续). 由推论 3.30, 我们得到邻近映射 $P_\lambda f$ 是单值的. 另一方面, 由命题 3.38 可立知 $e_\lambda f \in \Gamma_0$. □

注意到, 由定义 3.39 和上述结论可知, 对于 $f \in \Gamma_0$ 与 $\lambda > 0$, 我们有

$$e_\lambda f(x) = f(P_\lambda f(x)) + \frac{1}{2\lambda}\|x - P_\lambda f(x)\|^2 \leqslant f(y) + \frac{1}{2\lambda}\|x-y\|^2, \quad \forall y \in \mathbb{E}. \tag{3.4.2}$$

下述结论说明适定的闭凸函数的邻近算子实际上是到闭凸集的投影算子的推广.

命题 3.41 设 $f \in \Gamma_0$ 且 $x, p \in \mathbb{E}$. 则 $p = P_1 f(x)$ 当且仅当

$$\langle y - p, x - p\rangle + f(p) \leqslant f(y), \quad \forall y \in \mathbb{E}. \tag{3.4.3}$$

证明 首先假设 $p = P_1 f(x)$. 对任意 $y \in \mathbb{E}$ 及 $\alpha \in (0,1)$, 定义 $p_\alpha := \alpha y + (1-\alpha)p$. 则由 f 的凸性及 $P_1 f$ 的定义有

$$\begin{aligned} f(p) &\leqslant f(p_\alpha) + \frac{1}{2}\|x - p_\alpha\|^2 - \frac{1}{2}\|x-p\|^2 \\ &\leqslant \alpha f(y) + (1-\alpha)f(p) - \alpha\langle x-p, y-p\rangle + \frac{\alpha^2}{2}\|y-p\|^2. \end{aligned}$$

因此,

$$\langle y-p, x-p\rangle + f(p) \leqslant f(y) + \frac{\alpha}{2}\|y-p\|^2, \quad \forall y \in \mathbb{E}, \quad \alpha \in (0,1).$$

令 $\alpha \downarrow 0$, 我们可以得到 (3.4.3) 式.

另一方面, 假设 (3.4.3) 式成立. 则对任意 $y \in \mathbb{E}$, 我们有

$$\begin{aligned} f(p) + \frac{1}{2}\|x-p\|^2 &\leqslant f(y) + \frac{1}{2}\|x-p\|^2 + \langle x-p, p-y\rangle + \frac{1}{2}\|p-y\|^2 \\ &= f(y) + \frac{1}{2}\|x-y\|^2. \end{aligned}$$

因此, $p = P_1 f(x)$. □

对闭凸集 C, 令 (3.4.3) 中的 $f = \delta_C$, 则可以得到 (2.5.2) 式. 因此适定的闭凸函数的邻近算子是到闭凸集的投影算子的推广.

下述结果说明邻近算子是全局 Lipschitz 连续的.

命题 3.42 (邻近算子的 Lipschitz 连续性) 设 $f \in \Gamma_0$. 则

$$\|P_1 f(x) - P_1 f(y)\| \leqslant \|x-y\|, \quad \forall x, y \in \mathbb{E},$$

即 $P_1 f$ 全局 Lipschitz 连续, 相应 Lipschitz 常数为 1.

证明 任取 $x, y \in \mathbb{E}$, 令 $p := P_1 f(x), q := P_1 f(y)$. 则由命题 3.41 可知

$$\langle q-p, x-p\rangle + f(p) \leqslant f(q) \quad 且 \quad \langle p-q, y-q\rangle + f(q) \leqslant f(p).$$

由于 $p, q \in \operatorname{dom}(f)$, 将上述两个不等式相加, 我们可以得到

$$0 \leqslant \langle p-q,(x-y)-(p-q)\rangle=\langle p-q, x-y\rangle-\|p-q\|^{2}. \tag{3.4.4}$$

进一步利用 Cauchy-Schwarz 不等式可得所证结论. □

由定义 3.39, 我们立刻得到等式

$$P_{\lambda} f=P_{1}(\lambda f). \tag{3.4.5}$$

对于给定的 $f \in \Gamma_{0}$, 通过该等式, 我们可以将当参数 $\lambda=1$ 时得到的关于邻近算子的结论应用于任意参数 $\lambda>0$ 上.

命题 3.43 (下半连续凸函数 Moreau 包络的可微性) *设 $f \in \Gamma_{0}$ 且 $\lambda>0$. 则 $e_{\lambda} f$ 可微, 其梯度为*

$$\nabla\left(e_{\lambda} f\right)=\frac{1}{\lambda}\left(\mathrm{id}-P_{\lambda} f\right).$$

进一步, $\nabla\left(e_{\lambda} f\right)$ 以常数 $1 / \lambda$ 全局 Lipschitz 连续.

证明 取 $\mathbb{E}$ 中不同的两点 x, y, 令 $p:=P_{\lambda} f(x), q:=P_{\lambda} f(y)$. 利用 $P_{\lambda} f=P_{1}(\lambda f)$ 及命题 3.41, 我们可以得到

$$\begin{aligned}
e_{\lambda} f(y)-e_{\lambda} f(x) &=f(q)-f(p)+\frac{1}{2 \lambda}\left(\|y-q\|^{2}-\|x-p\|^{2}\right) \\
&=\frac{1}{2 \lambda}\left(2[(\lambda f)(q)-(\lambda f)(p)]+\|y-q\|^{2}-\|x-p\|^{2}\right) \\
&\geqslant \frac{1}{2 \lambda}\left(2\langle q-p, x-p\rangle+\|y-q\|^{2}-\|x-p\|^{2}\right) \\
&=\frac{1}{2 \lambda}\left(\|y-q-x+p\|^{2}+2\langle y-x, x-p\rangle\right) \\
&\geqslant \frac{1}{\lambda}\langle y-x, x-p\rangle.
\end{aligned}$$

类似地, 对 $q=P_{\lambda} f(y)$ 及 x, y 利用命题 3.41, 我们可以得到

$$e_{\lambda} f(y)-e_{\lambda} f(x) \leqslant \frac{1}{\lambda}\langle y-x, y-q\rangle.$$

利用上面两个不等式以及 (3.4.4) 式, 我们有

$$\begin{aligned}
0 & \leqslant e_{\lambda} f(y)-e_{\lambda} f(x)-\frac{1}{\lambda}\langle y-x, x-p\rangle \\
& \leqslant \frac{1}{\lambda}\langle y-x,(y-x)+(p-q)\rangle \\
& \leqslant \frac{1}{\lambda}\left(\|x-y\|^{2}-\|p-q\|^{2}\right) \\
& \leqslant \frac{1}{\lambda}\|y-x\|^{2}.
\end{aligned}$$

因此,

$$\lim_{y\to x}\frac{e_\lambda f(y)-e_\lambda f(x)-\left\langle y-x,\frac{1}{\lambda}(x-p)\right\rangle}{\|x-y\|}=0,$$

即 $e_\lambda f$ 可微且 $\nabla(e_\lambda f)=(\mathrm{id}-P_\lambda f)/\lambda$. 进一步由命题 3.42 可得梯度的 Lipschitz 连续性. □

该结论的一个有趣应用是我们可以证明欧氏距离函数的可微性.

例 3.44 (欧氏距离函数的可微性)　设 $C\subseteq\mathbb{E}$ 为非空闭凸集. 则函数 $\frac{1}{2}\mathrm{dist}_C^2=e_1\delta_C$ 凸且可微, 其梯度

$$\nabla\left(\frac{1}{2}\mathrm{dist}_C^2\right)=\mathrm{id}-P_C$$

Lipschitz 连续.

在本节的最后, 我们给出从优化视角看特别有趣的一个结论.

命题 3.45 (Moreau 包络的全局极小点)　设 $f\in\Gamma_0,\lambda>0$. 则

$$\arg\min_{\mathbb{E}} f=\arg\min_{\mathbb{E}} e_\lambda f \quad 且 \quad \inf_{\mathbb{E}} f=\inf_{\mathbb{E}} e_\lambda f.$$

证明　任取 $\bar{x}\in\arg\min f$, 则 $\bar{x}$ 也是函数 $f+\frac{1}{2\lambda}\|\bar{x}-(\cdot)\|^2$ 的极小点; 另一方面, 我们知道 $f+\frac{1}{2\lambda}\|\bar{x}-(\cdot)\|^2$ 的唯一极小点为 $P_\lambda f(\bar{x})$, 因此有 $\bar{x}=P_\lambda f(\bar{x})$. 由命题 3.43, 知 $\nabla e_\lambda f(\bar{x})=0$. 进一步, 由 $e_\lambda f$ 的凸性可知 $\bar{x}\in\arg\min_{\mathbb{E}} e_\lambda f$ (见习题 3.11).

反过来, 任取 $\bar{x}\in\arg\min e_\lambda f$, 则 $\nabla e_\lambda f(\bar{x})=\frac{1}{\lambda}(\bar{x}-P_\lambda f(\bar{x}))=0$, 即 $P_\lambda f(\bar{x})=\bar{x}$. 因此,

$$f(\bar{x})=e_\lambda f(\bar{x})\leqslant e_\lambda f(y)\leqslant f(y),\quad \forall y\in\mathbb{E}.$$

至此, 我们证明了 f 与 $e_\lambda f$ 的 $\arg\min$ 集合相等, 以及若下确界可以达到, 它们的下确界相等.

由 $e_\lambda f\leqslant f$, 我们有 $\inf e_\lambda f\leqslant\inf f$. 反过来, 给定任意 $x\in\mathbb{E}$, 有

$$\inf f\leqslant f+\frac{1}{2\lambda}\|(\cdot)-x\|^2.$$

将上述不等式右端取下确界可以得到 $\inf f\leqslant e_\lambda f(x)$, 进一步对 $x\in\mathbb{E}$ 取下确界可得 $\inf f\leqslant\inf e_\lambda f$. □

注意到, 在证明过程中, 我们隐含地说明了 $\bar{x}\in\mathbb{E}$ 是 f 的全局极小点当且仅当 $P_\lambda f(\bar{x})=\bar{x}$, 即 $P_\lambda f$ 的不动点与 f 的全局极小点完全相同.

3.5 凸函数的连续性

本节将研究凸函数的连续性.

首先我们给出凸函数关于集合连续的定义.

定义 3.46 (关于集合的连续性 (continuity relative to a set)) 给定集合 $S \subseteq \mathbb{E}$. 称函数 $f : \mathbb{E} \to \overline{\mathbb{R}}$ 关于集合 S 连续, 若

$$\lim_{k \to \infty} f(x_k) = f(x), \quad \forall x \in S, \quad \{x_k \in S\} \to x.$$

进一步, 称 f 在 S 上按模 (modulus) $L \geqslant 0$ Lipschitz 连续, 若有

$$|f(x) - f(y)| \leqslant L\|x - y\|, \quad \forall x, y \in S.$$

接下来的命题是一个准备性的结果, 其将说明适定的凸函数与其闭包的关系.

命题 3.47 (凸函数的闭包) 设 $f \in \Gamma$, 则 $\mathrm{cl}(f) \in \Gamma_0$, 且除在 $\mathrm{rbd}(\mathrm{dom}(f))$ 上可能不等外, $\mathrm{cl}(f)$ 与 f 相等.

证明 首先, 由 $\mathrm{epi}(\mathrm{cl}(f)) = \mathrm{cl}(\mathrm{epi}(f))$ (见习题 1.5) 可立得 $\mathrm{cl}(f)$ 是下半连续且凸的. 任取 $\bar{x} \in \mathrm{ri}(\mathrm{dom}(f))$, 则由 $f \in \Gamma$ 以及命题3.33, 存在仿射函数 h 满足 $h \leqslant f$ 且 $h(\bar{x}) = f(\bar{x})$. 由于仿射函数均连续 (因此闭), 故有 $\mathrm{cl}(f) \geqslant \mathrm{cl}(h) = h$. 因此我们有

$$(\mathrm{cl}(f))(\bar{x}) \leqslant f(\bar{x}) = h(\bar{x}) \leqslant (\mathrm{cl}(f))(\bar{x}),$$

即 $(\mathrm{cl}(f))(\bar{x}) = f(\bar{x})$. 这说明 f 与 $\mathrm{cl}(f)$ 在 $\mathrm{ri}(\mathrm{dom}(f))$ 上相等, 特别地, $\mathrm{cl}(f)$ 是适定的.

接下来, 任取 $x \notin \mathrm{cl}(\mathrm{dom}(f))$. 显然, 对所有序列 $\{x_k\} \to x$, 当 k 充分大时, $x_k \notin \mathrm{dom}(f)$, 即 $f(x_k) = +\infty$. 因此, $\liminf_{k\to\infty} f(x_k) = +\infty$, 即 $(\mathrm{cl}(f))(x) = +\infty$. 故 f 与 $\mathrm{cl}(f)$ 在 $\mathrm{cl}(\mathrm{dom}(f))$ 的补集上亦相等. □

在注释2.16中, 我们说明了: 对于一个非空的凸集, 我们总可以不失一般性地考虑其内部非空. 而下面的注释将说明, 对于一个给定的适定凸函数 f, 我们可以对其定义域 $\mathrm{dom}(f)$ 进行类似的假设.

注释 3.48 设 $f \in \Gamma_0$, 则 $\mathrm{dom}(f)$ 非空凸. 令 U 为平行于 $\mathrm{aff}(\mathrm{dom}(f))$ 的子空间. 由命题1.38, 存在可逆仿射映射 $F : \mathbb{E} \to \mathbb{E}$, 使得 $F(\mathrm{aff}(\mathrm{dom}(f))) = U$. 定义 $g : U \to \mathbb{E}$, $g := f \circ F^{-1}$, 则 $g \in \Gamma$ 且 $\mathrm{dom}(g) = F(\mathrm{dom}(f))$, 即 $\mathrm{aff}(\mathrm{dom}(g)) = \mathrm{aff}(F(\mathrm{dom}(f))) = F(\mathrm{aff}(\mathrm{dom}(f))) = U$. 因此, $\mathrm{dom}(g)$ 在 U 中满维 (即 $\mathrm{dom}(g)$ 在 U 中内部非空).

需要注意的是, 当考虑的凸函数中存在两个凸函数的定义域的仿射包不同时, 注释 3.48 的结论并不能直接应用, 即我们无法假设凸函数的定义域都是满维的.

接下来, 我们将证明关于凸函数连续性的第一个重要的结论. 作为练习, 我们鼓励读者考虑不假设 $\mathrm{dom}(f)$ 满维 (该假设源自注释 3.48) 情形下的证明.

定理 3.49 (凸函数的连续性) 设函数 $f:\mathbb{E}\to\overline{\mathbb{R}}$ 凸, C 为 $\mathrm{dom}(f)$ 中凸的相对开子集. 则 f 在 C 上连续. 特别地, f 在 $\mathrm{ri}(\mathrm{dom}(f))$ 上连续.

证明 令 $C\subseteq \mathrm{dom}(f)$ 为相对开的凸集, 考虑函数 $g:=f+\delta_C$. 则 $\mathrm{dom}(g)=C$ 且 g 与 f 在 C 上相等. 因此, 不失一般性, 我们可以假设 $C=\mathrm{ri}(\mathrm{dom}(f))$; 否则用 g 代替 f. 又由注释 3.48, 我们可以假设 C 在 $\mathbb{E}$ 内满维, 因此为开集. 若 f 非适定, 由习题 3.4, f 在 C 上均为 $-\infty$, 因此连续. 下面我们假设 f 是适定的. 由命题 3.47, 在 C 上有 $\mathrm{cl}(f)=f$, 即 f 在 C 中下半连续. 故接下来只需证明 f 上半连续. 由命题 3.32 及 C 是开集, 我们有

$$\mathrm{int}(\mathrm{epi}(f))=\{(x,\alpha)\mid f(x)<\alpha\}.$$

定义映射 $L:(x,\alpha)\to x$, 则对任意给定的 $\gamma\in\mathbb{R}$, 有

$$\{x\mid f(x)<\gamma\}=L(\mathrm{int}(\mathrm{epi}(f))\cap\{(x,\alpha)\mid \alpha<\gamma\}).$$

L 是满射, 且上述等式中被 L 作用的集合为开集, 因此由开映射定理, $\{x\mid f(x)<\gamma\}$ 也是开集. 进一步, 其补集 $\{x\mid f(x)\geqslant\gamma\}$ 为闭集, 即 f 上半连续. □

注意到有限的凸函数的定义域为全空间, 易见下述推论.

推论 3.50 (有限凸函数的连续性) 凸函数 $f:\mathbb{E}\to\mathbb{R}$ 连续.

接下来, 我们将以本节的第二个主要结果来结束本节, 其考虑的是凸函数的 Lipschitz 连续性.

定理 3.51 设 $f\in\Gamma$, $S\subseteq\mathrm{ri}(\mathrm{dom}(f))$ 为紧集. 则 f 在 S 上 Lipschitz 连续.

证明 由注释 3.48, 不失一般性, 我们可以假设 $\mathrm{dom}(f)$ 在 $\mathbb{E}$ 内满维, 因此 $S\subseteq\mathrm{int}(\mathrm{dom}(f))$. 由于 S 紧, $S+\varepsilon\mathrm{cl}(B)$ 对任意 $\varepsilon>0$ 均为紧集. 显然, 当 $\varepsilon>0$ 充分小时, $S+\varepsilon\mathrm{cl}(B)\subseteq\mathrm{int}(\mathrm{dom}(f))$. 固定 ε, 则由命题 3.49, f 在 $\mathrm{conv}(S+\varepsilon\mathrm{cl}(B))\subseteq\mathrm{int}(\mathrm{dom}(f))$ 上连续, 特别地, 在 $S+\varepsilon\mathrm{cl}(B)$ 上连续. 进一步, 由于 $S+\varepsilon\mathrm{cl}(B)$ 为紧集, f 在 $S+\varepsilon\mathrm{cl}(B)$ 上有界, 记其下界和上界分别为 l 和 u. 任取 $\mathbb{E}$ 中不同的两点 x,y, 定义

$$z:=y+\frac{\varepsilon}{\|x-y\|}(y-x).$$

则 $z\in S+\varepsilon\mathrm{cl}(B)$ 且对 $\lambda:=\|x-y\|/(\varepsilon+\|x-y\|)$, 有 $y=(1-\lambda)x+\lambda z$. 由 f 的凸性, 进一步可以得到

$$f(y)\leqslant(1-\lambda)f(x)+\lambda f(z)=f(x)+\lambda(f(z)-f(x)).$$

即对 $L := \dfrac{u-l}{\varepsilon}$, 有

$$f(y) - f(x) \leqslant \lambda(u-l) \leqslant L\|x-y\|.$$

交换 x 和 y 的位置可得

$$f(y) - f(x) \geqslant -\lambda(u-l) \geqslant -L\|x-y\|. \qquad \square$$

3.6 凸函数的共轭

本节我们将研究凸函数的对偶, 即凸函数的共轭, 并给出其基本性质与运算法则.

3.6.1 函数的仿射逼近和凸包

我们之前花费了大量篇幅来研究仿射函数, 而仿射函数与半空间息息相关. 实际上, 给定一个仿射变换 $F : \mathbb{E} \to \mathbb{R}$, $F(x) = \langle b, x\rangle - \beta$, 我们有

$$\mathrm{epi}(F) = \{(x,\alpha) \in \mathbb{E}\times\mathbb{R} \mid \langle b,x\rangle - \beta \leqslant \alpha\} = H^{\leqslant}_{(b,-1),\beta} \subseteq \mathbb{E}\times\mathbb{R}.$$

事实上, $\mathbb{E}\times\mathbb{R}$ 中的半空间可以被分为以下三类: 对于 $(b,\beta) \in \mathbb{E}\times\mathbb{R}$,

(1) $\{(x,\alpha) \mid \langle b,x\rangle \leqslant \beta\}$ (垂直半空间);

(2) $\{(x,\alpha) \mid \langle b,x\rangle - \alpha \leqslant \beta\}$ (上方半空间);

(3) $\{(x,\alpha) \mid \langle b,x\rangle - \alpha \geqslant \beta\}$ (下方半空间).

定理 3.52 (下半连续凸函数的包络表示) 设 $f \in \Gamma_0$, 则 f 是其所有仿射下界的逐点上确界, 即

$$f(x) = \sup\{h(x) \mid h \leqslant f,\ h \text{ 是仿射函数}\}.$$

证明 由于 f 是下半连续和凸的, $\mathrm{epi}(f)$ 是 $\mathbb{E}\times\mathbb{R}$ 中的闭凸集, 因此, 根据定理2.81, 它是 $\mathbb{E}\times\mathbb{R}$ 中所有包含它的闭半空间的交集. 因为 $\mathrm{epi}(f)$ 不可能被包含在下方半空间中, 所以只有垂直半空间和上方半空间可以被包含在前述交集中. 下面我们论证并非所有的半空间都是垂直半空间: 因为 f 是适定的, 所以存在 $x \in \mathrm{dom}(f)$. 则 $(x, f(x)-\varepsilon)(\varepsilon > 0)$ 落在每个包含 $\mathrm{epi}(f)$ 的垂直半空间中, 即落在它们的交集中. 另一方面, $(x, f(x)-\varepsilon)$ 不在 $\mathrm{epi}(f)$ 中, 因此并非所有包含 $\mathrm{epi}(f)$ 的半空间都是垂直半空间.

我们知道, 包含 f 的上方半空间是仿射下界 h 的上图. 对应的上图是这些仿射函数的上图的交集的函数 f 是这些仿射函数的逐点上确界. 因此, 为了证明定

理, 我们只需证明包含 epi(f) 的上方半空间的交集与包含 epi(f) 所有的上方半空间和垂直半空间的交集这两个集合相等.

为此, 假设

$$V := \{(x, \alpha) \mid h_1(x) \leqslant 0\}, \quad h_1 : x \mapsto \langle b_1, x\rangle - \beta_1$$

是包含 epi(f) 的垂直半空间, 并且 $(x_0, \alpha_0) \notin V$. 只需证明存在一个包含 epi(f) 但不包含 (x_0, α_0) 的上方半空间, 即我们需要找到一个仿射变换 $h : \mathbb{E}\times\mathbb{R} \to \mathbb{R}$, 使得 $h \leqslant f$ 并且 $h(x_0) > \alpha_0$. 我们已经知道至少存在一个仿射函数 $h_2 : x \mapsto \langle b_2, x\rangle - \beta_2$ 使得 epi$(f) \subseteq$ epi (h_2), 即 $h_2 \leqslant f$. 对于每一个 $x \in \mathrm{dom}(f)$ 我们有 $h_1(x) \leqslant 0$ 和 $h_2(x) \leqslant f(x)$, 因此

$$\lambda h_1(x) + h_2(x) \leqslant f(x), \quad \forall \lambda \geqslant 0.$$

上述不等式对于 $x \notin \mathrm{dom}(f)$ 也平凡地成立. 现任意固定 $\lambda \geqslant 0$ 并定义如下 $h_\lambda : \mathbb{E} \to \mathbb{R}$:

$$h_\lambda(x) := \lambda h_1(x) + h_2(x) = \langle \lambda b_1 + b_2, x\rangle - (\lambda\beta_1 + \beta_2).$$

显然 h_λ 是满足 $h_\lambda \leqslant f$ 的仿射变换. 由于 $h_1(x_0) > 0$, 选择充分大的 $\bar{\lambda} > 0$ 保证 $h_{\bar{\lambda}}(x_0) > \alpha_0$. 则 $h := h_{\bar{\lambda}}$ 具有所需的性质. □

设 $f : \mathbb{E} \to \overline{\mathbb{R}}$ 并回顾 1.2.2 节, f 的下半连续包 cl(f) 是小于等于 f 的最大的下半连续函数, 或等价地说

$$\mathrm{cl}(\mathrm{epi}(f)) = \mathrm{epi}(\mathrm{cl}(f)).$$

使用相同的方法, 我们可以构建函数 f 的凸包.

定义 3.53 (函数的凸包) 给定 $f : \mathbb{E} \to \overline{\mathbb{R}}$. 则所有作为 f 下界的凸函数的逐点上确界, 即

$$\mathrm{conv}(f) := \sup\{h : \mathbb{E} \to \overline{\mathbb{R}} \mid h \leqslant f, h \text{ 是凸函数}\},$$

称作 f 的凸包.

此外, 我们将 f 的闭凸包定义为

$$\overline{\mathrm{conv}}(f) := \mathrm{cl}(\mathrm{conv}(f)),$$

即 $\overline{\mathrm{conv}}(f)$ 是小于等于 f 的最大下半连续凸函数.

注意到, 对于 $f : \mathbb{E} \to \overline{\mathbb{R}}$, 我们有

$$\mathrm{epi}(\overline{\mathrm{conv}}(f)) = \overline{\mathrm{conv}}(\mathrm{epi}(f)) \tag{3.6.1}$$

(参见习题 3.12). 然而, 类似的命题对于凸包却不成立.

推论 3.54 (适定函数闭凸包的包络表示) 设 $f:\mathbb{E}\to\overline{\mathbb{R}}$ 满足 $\operatorname{conv}(f)$ 是适定的. 则 $\overline{\operatorname{conv}}(f)$ 是所有小于等于 f 的仿射函数的逐点上确界.

证明 根据习题 3.4(3), 因为 $\operatorname{conv}(f)$ 是适定的, 所以 $\overline{\operatorname{conv}}(f)$ 也是适定的. 因此, $\overline{\operatorname{conv}}(f)\in\Gamma_0$. 根据定理 3.52, $\overline{\operatorname{conv}}(f)$ 是其所有仿射下界的逐点上确界. 此外, 我们有 $\overline{\operatorname{conv}}(f)\leqslant f$. 另一方面, 由于所有仿射函数是下半连续和凸的, 不存在 f 的一个仿射下界, 不是 $\overline{\operatorname{conv}}(f)$ 的下界. □

需要注意的是, 在上述结论中, 假设 $\operatorname{conv}(f)$ 是适定的, 意味着 f 和 $\operatorname{cl}(f)$ 都是适定的, 且该假设等价于 f 存在仿射下界 (参见习题 3.13).

3.6.2 共轭的基本性质

定义 3.55 (函数的共轭 (conjugate)) 给定 $f:\mathbb{E}\to\overline{\mathbb{R}}$. 则它的共轭函数 $f^*:\mathbb{E}\to\overline{\mathbb{R}}$ 定义为

$$f^*(y):=\sup_{x\in\mathbb{E}}\{\langle x,y\rangle-f(x)\}.$$

函数 $f^{**}:=(f^*)^*$ 称为 f 的**二次共轭** (biconjugate) 函数.

根据共轭函数的定义, 如下 Fenchel-Young 不等式成立:

$$f(x)+f^*(y)\geqslant\langle x,y\rangle,\quad\forall x,y\in\mathbb{E}.$$

作为拓展实值函数空间上的自映射, 共轭运算也被称作 Legendre-Fenchel 变换. 易见 Legendre-Fenchel 变换是反序的, 即

$$f\leqslant g\ \Rightarrow\ f^*\geqslant g^*.$$

在开始研究共轭函数的性质之前, 我们首先说明研究它的动机. 对于 $f:\mathbb{E}\to\overline{\mathbb{R}}$. 我们注意到

$$\operatorname{epi}(f^*)=\{(y,\beta)\mid\langle x,y\rangle-f(x)\leqslant\beta,\ \forall x\in\mathbb{E}\}.\tag{3.6.2}$$

这意味着 f^* 的上图中的点 (y,β) 与 f 的仿射下界函数 $x\mapsto\langle y,x\rangle-\beta$ 一一对应. 通过推论 3.54 知, 若 $\operatorname{conv}(f)$ 是适定的, 则这些仿射下界函数的逐点上确界是 f 的闭凸包. 这也就是说, f^* 中涵盖了所有 $\overline{\operatorname{conv}}(f)$ (同时也是 f) 的仿射下界函数的信息.

因为

$$f^*(y)=\sup_{x\in\mathbb{E}}\{\langle x,y\rangle-f(x)\}=\sup_{(x,\alpha)\in\operatorname{epi}(f)}\{\langle y,x\rangle-\alpha\},\quad\forall y\in\mathbb{E},\tag{3.6.3}$$

所以我们也有

$$\operatorname{epi}(f^*)=\{(y,\beta)\mid\langle x,y\rangle-\alpha\leqslant\beta,\ \forall(x,\alpha)\in\operatorname{epi}(f)\}.$$

我们将利用上述事实来建立本小节第一个关于共轭与二次共轭的主要结果.

定理 3.56 (Fenchel-Moreau 定理) 设 $f:\mathbb{E}\to\overline{\mathbb{R}}$ 使得 $\mathrm{conv}(f)$ 是适定的 (因此 f 也是适定的). 则如下成立:

(1) f^* 和 f^{**} 闭、适定、凸;

(2) $f^{**}=\overline{\mathrm{conv}}(f)$;

(3) $f^*=(\mathrm{conv}(f))^*=(\mathrm{cl}(f))^*=(\overline{\mathrm{conv}}(f))^*$.

证明 首先注意假设 $\mathrm{conv}(f)$ 是适定的意味着 f 和 $\overline{\mathrm{conv}}(f)$ 都适定 (参照习题 3.13 和习题 3.4).

(1) 将命题 3.12 应用到

$$f^*(y)=\sup_{x\in\mathbb{E}}\{\langle x,y\rangle-f(x)\}=\sup_{(x,\alpha)\in\mathrm{epi}(f)}\{\langle y,x\rangle-\alpha\},\quad\forall y\in\mathbb{E},\tag{3.6.4}$$

我们看到 f^* 下半连续和凸. 如果 f^* 达到 $-\infty$, 则 f 恒为 $+\infty$, 这不成立. 另一方面, f^* 不恒等于 $+\infty$, 否则这意味着它的上图是空集, 这是不成立的. 所以 f^* 是适定的. 将相同的论证应用于 $f^{**}=(f^*)^*$ 得到 f^{**} 也是闭、适定和凸的.

(2) 将 (3.6.4) 式应用于 f^{**}, 对于 $x\in\mathbb{E}$, 我们有

$$f^{**}(x)=\sup_{(x,\beta)\in\mathrm{epi}(f^*)}\{\langle y,x\rangle-\beta\}.$$

因此, 鉴于

$$\mathrm{epi}(f^*)=\{(y,\beta)\mid\langle x,y\rangle-f(x)\leqslant\beta,\ \forall x\in\mathbb{E}\},$$

f^{**} 是 f 的所有仿射下界的逐点上确界. 于是, 通过推论 3.54, 我们有 $f^{**}=\overline{\mathrm{conv}}(f)$.

(3) 因为 f, $\mathrm{conv}(f)$, $\mathrm{cl}(f)$ 和 $\overline{\mathrm{conv}}(f)$ 的仿射下界相同, 所以它们的共轭有相同的上图, 因此是相等的. □

定理 3.56 中的 (2) 表明, 对于一个函数 $f:\mathbb{E}\to\overline{\mathbb{R}}$ 满足 $\mathrm{conv}(f)$ 适定, 我们总有 $f\geqslant f^{**}$, 且 $f^{**}=f$ 成立当且仅当 f 是闭凸的. 因此, Legendre-Fenchel 变换引出了 Γ_0 中的如下一一对应关系: 对于 $f,g\in\Gamma_0$, f 是 g 的共轭当且仅当 g 是 f 的共轭. 我们将上述情况记为 $f\overset{*}{\longleftrightarrow}g$, 称作**共轭对应** (conjugacy correspondence), 即函数在一侧的性质会在另一侧以对偶性质的形式出现.

下述命题给出了共轭的一些基本性质.

命题 3.57 (共轭的基本性质) 设 $f\overset{*}{\longleftrightarrow}g$. 则如下结论成立:

(1) $f-\langle a,\cdot\rangle\overset{*}{\longleftrightarrow}g((\cdot)+a)$ $(a\in\mathbb{E})$;

(2) $f+\gamma\overset{*}{\longleftrightarrow}g-\gamma$ $(\gamma\in\mathbb{R})$;

(3) $\lambda f\overset{*}{\longleftrightarrow}\lambda g\left(\dfrac{(\cdot)}{\lambda}\right)$ $(\lambda>0)$.

3.6.3 共轭的特殊情况

1. 二次凸函数

对于 $Q \in \mathbb{S}^n, b \in \mathbb{R}^n$, 我们考虑如下定义的二次函数 $q : \mathbb{R}^n \to \mathbb{R}$

$$q(x) := \frac{1}{2}x^{\mathrm{T}}Qx + b^{\mathrm{T}}x. \tag{3.6.5}$$

由定理3.18知, q 是 (强) 凸的当且仅当 Q 是 (正定) 半正定的. 因此我们接下来假设 $Q \succeq 0$.

我们想要计算 q 的共轭. 当 Q 正定时, 这很容易计算. 当 Q 只是半正定时, 我们需要利用下述 Moore-Penrose 伪逆.

定理 3.58 (Moore-Penrose 伪逆 (pseudoinverse)) 设 $A \in \mathbb{S}^n_+$, 满足 $\mathrm{rank}(A) = r$, 有如下谱分解

$$A = Q\Lambda Q^{\mathrm{T}}, \quad 其中 \quad \Lambda = \begin{pmatrix} \lambda_1 & & & & & \\ & \ddots & & & & \\ & & \lambda_r & & & \\ & & & 0 & & \\ & & & & \ddots & \\ & & & & & 0 \end{pmatrix}, \quad Q \in O(n).$$

则矩阵

$$A^{\dagger} := Q\Lambda^{\dagger}Q^{\mathrm{T}}, \quad 其中 \quad \Lambda^{\dagger} := \begin{pmatrix} \lambda_1^{-1} & & & & & \\ & \ddots & & & & \\ & & \lambda_r^{-1} & & & \\ & & & 0 & & \\ & & & & \ddots & \\ & & & & & 0 \end{pmatrix},$$

称为 A 的 Moore-Penrose 伪逆, 具有以下性质:

(1) $AA^{\dagger}A = A$ 和 $A^{\dagger}AA^{\dagger} = A^{\dagger}$.

(2) $(AA^{\dagger})^{\mathrm{T}} = AA^{\dagger}$ 和 $(A^{\dagger}A)^{\mathrm{T}} = A^{\dagger}A$.

(3) $(A^{\dagger})^{\mathrm{T}} = (A^{\mathrm{T}})^{\dagger}$.

(4) 若 $A \succ 0$, 则 $A^{\dagger} = A^{-1}$.

(5) $AA^{\dagger} = P_{\mathrm{im}(A)}$, 即 $AA^{\dagger}$ 是在 A 的像上的投影. 特别地, 如果 $b \in \mathrm{im}(A)$, 则有

$$\{x \in \mathbb{R}^n \mid Ax = b\} = A^{\dagger}b + \ker(A).$$

实际上, 对于任意 $A \in \mathbb{C}^{m\times n}$, Moore-Penrose 伪逆可以从性质 (1) 和 (2) 被唯一的定义, 此处我们仅考虑半正定的情况.

命题 3.59 (二次凸函数的共轭) 对于 (3.6.5) 式中的 $q, Q \in \mathbb{S}_+^n$, 有

$$q^*(y) = \begin{cases} \frac{1}{2}(y-b)^{\mathrm{T}} Q^\dagger (y-b), & \text{若 } y-b \in \operatorname{im}(Q), \\ +\infty, & \text{其他情况}. \end{cases}$$

特别是, 如果 $Q \succ 0$, 我们有

$$q^*(y) = \frac{1}{2}(y-b)^{\mathrm{T}} Q^{-1}(y-b).$$

证明 根据定义, 我们有

$$q^*(y) = \sup_{x\in\mathbb{R}^n} \left\{ x^{\mathrm{T}} y - \frac{1}{2} x^{\mathrm{T}} Q x - b^{\mathrm{T}} x \right\} = -\inf_{x\in\mathbb{R}^n} \left\{ \frac{1}{2} x^{\mathrm{T}} Q x + (b-y)^{\mathrm{T}} x \right\}. \quad (3.6.6)$$

$\bar{x}$ 是凸函数 $x \mapsto x^{\mathrm{T}} Q x/2 + (b-y)^{\mathrm{T}} x$ 的最小值点的充分必要条件是

$$Q\bar{x} = y - b. \quad (3.6.7)$$

因此, 如果 $y - b \notin \operatorname{im}(Q)$, 根据习题 1.6, 我们知道 $q^*(y) = +\infty$.

否则, 我们有 $y - b \in \operatorname{im}(Q)$, 因此, 鉴于定理 3.58, (3.6.7) 式等价于

$$\bar{x} = Q^\dagger(y-b) + z, \quad z \in \ker(A).$$

在 (3.6.6) 式中代入 $\bar{x} = Q^\dagger(y-b)$ (选择 $z = 0$) 得到

$$\begin{aligned} q^*(y) &= \left(Q^\dagger(y-b)\right)^{\mathrm{T}} y - \frac{1}{2}\left(Q^\dagger(y-b)\right)^{\mathrm{T}} Q Q^\dagger (y-b) - b^{\mathrm{T}} Q^\dagger (y-b) \\ &= (y-b)^{\mathrm{T}} Q^\dagger (y-b) - \frac{1}{2}(y-b)^{\mathrm{T}} Q^\dagger Q Q^\dagger (y-b) \\ &= \frac{1}{2}(y-b)^{\mathrm{T}} Q^\dagger (y-b), \end{aligned}$$

其中我们使用了定理 3.58 的 (1) 和 (3). □

由前述结果, 函数 $f = \frac{1}{2}\|\cdot\|^2$ 是自共轭的, 即 $f^* = f$. 习题 3.14 则说明了其是在 $\mathbb{R}^n$ 上唯一的自共轭凸函数. 通过同构的论断, 我们易知这对于任意欧氏空间都成立.

2. 支撑函数

定义 3.60 (正齐次性, 次可加性, 次线性性 (positive homogeneity, subadditivity, and sublinearity))　设 $f:\mathbb{E}\to\overline{\mathbb{R}}$ 且 $0\in\operatorname{dom}(f)$. 则称 f 具有

(1) 正齐次性, 如果

$$f(\lambda x)=\lambda f(x),\quad \forall\lambda>0,\quad x\in\mathbb{E};$$

(2) 次可加性, 如果

$$f(x+y)\leqslant f(x)+f(y),\quad \forall x,y\in\mathbb{E};$$

(3) 次线性性, 如果

$$f(\lambda x+\mu y)\leqslant\lambda f(x)+\mu f(y),\quad \forall x,y\in\mathbb{E},\quad \lambda,\mu>0.$$

注意在正齐次性的定义中, 我们可以仅仅要求不等式成立. 这是因为 $f(\lambda x)\leqslant\lambda f(x)$ 对所有 $\lambda>0$ 成立, 可以推得

$$f(x)=f(\lambda^{-1}\lambda x)\leqslant\frac{1}{\lambda}f(\lambda x).$$

我们注意到范数是次线性的.

例 3.61　范数 $\|\cdot\|$ 满足次线性性.

接下来, 我们给出正齐次性与次线性性的一些有用的刻画.

命题 3.62　给定 $f:\mathbb{E}\to\overline{\mathbb{R}}$. 则如下结论成立:

(1) f 满足正齐次性当且仅当 $\operatorname{epi}(f)$ 是一个锥. 在这种情况下 $f(0)\in\{0,-\infty\}$.

(2) 如果 f 下半连续并且满足正齐次性, $f(0)=0$, 则 f 一定是适定的.

(3) 如下条件等价:

(i) f 满足次线性性;

(ii) f 满足正齐次性并且凸;

(iii) f 满足正齐次性并且次可加;

(iv) $\operatorname{epi}(f)$ 是一个凸锥.

接下来, 我们考虑次线性函数的原型, 即支撑函数. 这个概念在凸分析中扮演着非常重要的角色.

定义 3.63 (支撑函数 (support function))　非空集合 $C\subseteq\mathbb{E}$ 的支撑函数定义为

$$\sigma_C: x\in\mathbb{E}\mapsto\sup_{s\in C}\langle s,x\rangle.$$

首先, 我们列出支撑函数的一些基本性质.

命题 3.64 (支撑函数) 给定非空集合 $C \subseteq \mathbb{E}$. 则

(1) $\sigma_C = \sigma_{\mathrm{cl}(C)} = \sigma_{\mathrm{conv}(C)} = \sigma_{\overline{\mathrm{conv}}(C)}$;

(2) σ_C 适定、下半连续和次线性;

(3) $\delta_C^* = \sigma_C$ 和 $\sigma_C^* = \delta_{\overline{\mathrm{conv}}(C)}$;

(4) 如果 C 闭且凸, 则 $\sigma_C \overset{*}{\longleftrightarrow} \delta_C$.

证明 (1) 显然, 闭包对于支撑函数的定义没有区别. 另一方面, 对于任意 $s_i \in C\ (i = 1, \cdots, N+1), \lambda \in \Delta_{N+1}$(其中 $N := \dim(\mathbb{E})$), 我们有

$$\left\langle \sum_{i=1}^{N+1} \lambda_i s_i, x \right\rangle = \sum_{i=1}^{N+1} \lambda_i \langle s_i, x\rangle \leqslant \max_{i=1,\cdots,r} \langle s_i, x\rangle .$$

这表明凸包也不会影响支撑函数的定义.

(2) 根据命题 3.12, σ_C 下半连续且凸, $0 \in \mathrm{dom}(\sigma_C)$, 并且由于 $\lambda\sigma_C(x) = \sigma_C(\lambda x)$ 对于所有 $x \in \mathbb{E}$ 和 $\lambda > 0$ 成立, 所以 σ_C 是适定的且满足正齐次性. 利用命题 3.62(3), 可得相关结论.

(3) 显然 $\delta_C^* = \sigma_C$. 因此 $\sigma_C^* = \delta_C^{**} = \overline{\mathrm{conv}}(\delta_C) = \delta_{\overline{\mathrm{conv}}(C)}$, 这是因为

$$\overline{\mathrm{conv}}(\mathrm{epi}(\delta_C)) = \overline{\mathrm{conv}}(C \times \mathbb{R}_+) = \overline{\mathrm{conv}}(C) \times \mathbb{R}_+ = \mathrm{epi}(\delta_{\overline{\mathrm{conv}}(C)}).$$

(4) 由 (3) 的推导过程可知. □

接下来讨论的一个主要目标是证明命题 3.64(2) 的逆命题也是成立的. 具体地, 我们将证明每个适定的、下半连续的、次线性的函数都可以表示为某个集合的支撑函数. 为了证明该结论, 我们需要下述准备工作.

命题 3.65 设 $f : \mathbb{E} \to \overline{\mathbb{R}}$ 闭、适定、凸. 则如下结论等价:

(1) f 只取值 0 和 $+\infty$;

(2) f^* 满足正齐次性.

证明 (1) $\Rightarrow$ (2): 在此情况下, 对于一些闭凸集 $C \subseteq E$, $f = \delta_C$. 因此, $f^* = \sigma_C$ 满足次线性性, 参见命题 3.64.

(2) $\Rightarrow$ (1): 设 f^* 为正齐次的 (因此是次线性的). 则对于 $\lambda > 0$ 和 $y \in \mathbb{E}$, 我们有

$$\begin{aligned} f^*(y) &= \lambda f^*(\lambda^{-1} y) \\ &= \lambda \sup_{x\in\mathbb{E}} \{\langle x, \lambda^{-1} y\rangle - f(x)\} \\ &= \sup_{x\in\mathbb{E}} \{\langle x, y\rangle - \lambda f(x)\} \\ &= (\lambda f)^*(y). \end{aligned}$$

因此, $(\lambda f)^* = f^*$ 对于所有 $\lambda > 0$ 成立. 利用 Fenchel-Moreau 定理, 我们有

$$\lambda f = (\lambda f)^{**} = f^{**} = f, \quad \forall \lambda > 0.$$

由于 f 是适定的, 因此不取值 $-\infty$, 这即意味着 f 只取值 $+\infty$ 和 0. □

定理 3.66 (Hörmander 定理) 一个函数 $f : \mathbb{E} \to \overline{\mathbb{R}}$ 适定、下半连续, 且满足次线性性当且仅当它是一个支撑函数.

证明 根据命题3.64(2), 每一个支撑函数适定、下半连续，且满足次线性性.

反过来, 如果 f 适定、下半连续, 且满足次线性性 (因此 $f = f^{**}$), 根据命题3.65, f^* 是某个非空闭凸集合 $C \subseteq \mathbb{E}$ 的指示函数, 所以 $f^* \in \Gamma_0$. 因此

$$f = f^{**} = \delta_C^* = \sigma_C.$$ □

接下来, 我们想给出比 Hörmander 定理更细致的刻画. 在下面的结论中, 我们将描述一个适定的、下半连续的, 且次线性的函数所支撑的集合.

推论 3.67 设 $f : \mathbb{E} \to \overline{\mathbb{R}}$ 适定且满足次线性性. 则 $\mathrm{cl}(f)$ 是闭凸集

$$\{s \in \mathbb{E} \mid \langle s, x \rangle \leqslant f(x), \ \forall x \in \mathbb{E}\}$$

的支撑函数.

证明 因为 $\mathrm{cl}(f)$ 是适定的 (参见习题 3.4)、闭且满足次线性性, 所以它是一个闭凸集 C 的支撑函数. 因此我们有 $\mathrm{cl}(f) = \delta_C^*$, 于是 $f^* = (\mathrm{cl}(f))^* = \delta_C$. 因此 $C = \{s \in \mathbb{E} \mid f^*(s) \leqslant 0\}$. 但是 $f^*(s) \leqslant 0$ 当且仅当 $\langle s, x \rangle - f(x) \leqslant 0$ 对于所有的 $x \in \mathbb{E}$ 成立. □

3. 度规函数, 极集合, 对偶范数

定义 3.68 (度规函数 (gauge function)) 给定 $C \subseteq \mathbb{E}$. C 的度规 (函数) 由下式定义:

$$\gamma_C : x \in \mathbb{E} \mapsto \inf\{\lambda \geqslant 0 \mid x \in \lambda C\}.$$

对于一个包含原点的闭凸集, 它的度规函数具有很好的凸分析性质.

命题 3.69 设 $C \subseteq \mathbb{E}$ 非空、闭、凸, 并且 $0 \in C$. 则 γ_C 适定、下半连续且满足次线性性.

证明 因为 $\gamma_C(0) = 0$, 所以 γ_C 显然是适定的. 此外, 对于 $t > 0$ 和 $x \in \mathbb{E}$, 我们有

$$\begin{aligned}\gamma_C(tx) &= \inf\{\lambda \geqslant 0 \mid tx \in \lambda C\} \\ &= \inf\left\{\lambda \geqslant 0 \,\middle|\, x \in \frac{\lambda}{t} C\right\}\end{aligned}$$

$$
\begin{aligned}
&= \inf\{t\mu \geqslant 0 \mid x \in \mu C\} \\
&= t\inf\{\mu \geqslant 0 \mid x \in \mu C\} \\
&= t\gamma_C(x),
\end{aligned}
$$

即 γ_C 满足正齐次性. 现在证明它也是次可加的, 因此是次线性的. 为此, 取 $x, y \in \operatorname{dom}(\gamma_C)$ 且 $x \neq y$. 那么存在 $\lambda, \mu \geqslant 0 : \lambda + \mu \neq 0$, 使得 $x \in \lambda C$, $y \in \mu C$. 由于等式

$$
\frac{x+y}{\lambda+\mu} = \frac{\lambda}{\lambda+\mu}\frac{x}{\lambda} + \frac{\mu}{\lambda+\mu}\frac{y}{\mu} \quad (\lambda+\mu \neq 0),
$$

我们通过 C 的凸性可得 $x + y \in (\lambda + \mu)C$. 所以 $\gamma_C(x + y) \leqslant \gamma_C(x) + \gamma_C(y)$.

为了证明 γ_C 的下半连续性, 利用习题 3.19 和其正齐次性, 对于 $\alpha > 0$ 我们有 $\operatorname{lev}_{\leqslant\alpha}(\gamma_C) = \alpha C$, 对于 $\alpha < 0$ 有 $\operatorname{lev}_{\leqslant\alpha}(\gamma_C) = \varnothing$ 和 $\operatorname{lev}_{\leqslant 0}(\gamma_C) = C^\infty$, 因此 γ_C 的所有水平集都是闭的, 即 γ_C 下半连续. □

需注意在命题3.69的证明中, 我们证明次线性性并不需要用到 C 包含原点的假设. 我们是在证明下半连续性时用到的该假设, 参见习题 3.19.

因为包含 0 的闭凸集的度规函数是适定、下半连续、次线性的, 所以由 Hörmander 定理 (参见定理3.66), 它是某个闭凸集的支撑函数. 这个对应的集合可以利用下述极集合的概念给出漂亮的描述.

定义 3.70 (极集合 (polar set)) 给定 $C \subseteq \mathbb{E}$. 则它的极集合定义为

$$
C^\circ := \{v \in \mathbb{E} \mid \langle v, x\rangle \leqslant 1,\ \forall x \in C\}.
$$

此外, 将 $C^{\circ\circ} := (C^\circ)^\circ$ 称为 C 的**双极集合** (bipolar set).

注意到极集合是极锥 (参见定义2.32) 的推广 (参见习题 3.18), 因此所使用的记号是一样的. 作为闭的半空间的交, C° 是包含 0 的闭凸集. 此外,

$$
C \subseteq D \Rightarrow D^\circ \subseteq C^\circ \text{ 且 } C \subseteq C^{\circ\circ}.
$$

在我们继续探寻度规函数的支撑函数表示的问题之前, 首先给出著名的双极定理, 它是命题2.67的推广.

定理 3.71 (双极定理) 设 $C \subseteq \mathbb{E}$. 则 $C^{\circ\circ} = \overline{\operatorname{conv}}(C \cup \{0\})$.

证明 因为 $C \cup \{0\} \subseteq C^{\circ\circ}$ 并且 $C^{\circ\circ}$ 闭和凸, 我们显然有 $\overline{\operatorname{conv}}(C \cup \{0\}) \subseteq C^{\circ\circ}$. 现假设 $\bar{x} \in C^{\circ\circ} \setminus \overline{\operatorname{conv}}(C \cup \{0\})$. 通过强分离, 存在 $s \in \mathbb{E} \setminus \{0\}$ 使得

$$
\langle s, \bar{x}\rangle > \sigma_{\overline{\operatorname{conv}}(C\cup\{0\})}(s) \geqslant \max\{\sigma_C(s), 0\}.
$$

相应地重新缩放 s (参见注释2.70), 我们可以假设

$$
\langle s, \bar{x}\rangle > 1 \geqslant \sigma_C(s),
$$

特别地, $s \in C^\circ$. 另一方面 $\langle s, \bar{x} \rangle > 1$ 和 $\bar{x} \notin C^{\circ\circ}$, 这是矛盾的. □

双极定理的结论说明, 每个包含原点的闭凸集 $C \subseteq \mathbb{E}$ 都满足 $C = C^{\circ\circ}$. 因此, 映射 $C \mapsto C^\circ$ 建立了包含原点的闭凸集的集合上的一一映射. 接下来的结果将通过度规函数把上述事实与共轭这一概念联系起来.

命题 3.72　设 $C \subseteq \mathbb{E}$ 闭、凸, 且 $0 \in C$. 则

$$\gamma_C = \sigma_{C^\circ} \overset{*}{\longleftrightarrow} \delta_{C^\circ} \quad 且 \quad \gamma_{C^\circ} = \sigma_C \overset{*}{\longleftrightarrow} \delta_C.$$

证明　根据命题 3.69, γ_C 适定、下半连续, 满足次线性性. 鉴于推论 3.67 我们有

$$\gamma_C = \sigma_D, \quad D = \{v \in \mathbb{E} \mid \langle v, x \rangle \leqslant \gamma_C(x),\ \forall x \in \mathbb{E}\}.$$

要证明 $\gamma_C = \sigma_{C^\circ}$, 我们需要证明 $D = C^\circ$. 因为 $\gamma_C(x) \leqslant 1$ 当且仅当 (见习题 3.19) $x \in C$, 包含关系 $D \subseteq C^\circ$ 是显然的. 反过来, 令 $v \in C^\circ$, 即 $\langle v, x \rangle \leqslant 1$ 对所有 $x \in C$ 成立. 现令 $x \in \mathbb{E}$. 根据 γ_C 的定义, 存在 $\lambda_k \to \gamma_C(x)$ 和 $c_k \in C$ 使得 $x = \lambda_k c_k$ 对所有的 $k \in \mathbb{N}$ 成立. 但我们有

$$\langle v, x \rangle = \lambda_k \langle v, c_k \rangle \leqslant \lambda_k \to \gamma_C(x),$$

因此 $v \in D$, 进而有 $\gamma_C = \sigma_{C^\circ}$. 因为 $C^{\circ\circ} = C$, 所以 $\gamma_{C^\circ} = \sigma_C$. 而共轭关系则是由于命题 3.64. □

接下来, 我们给出了对偶范数的定义. 习题 3.19 说明一个对称的、紧的, 且内部非空的凸集合的度规函数是一个范数, 这解释了下述定义的合理性.

定义 3.73 (对偶范数 (dual norm))　设 $\|\cdot\|_*$ 为 $\mathbb{E}$ 上闭单位球 $B_* = \{x \in \mathbb{E} : \|x\|_* \leqslant 1\}$ 诱导的范数. 则我们称

$$\|\cdot\|_*^\circ := \gamma_{B_*^\circ}$$

是它的对偶范数.

推论 3.74　对 (闭) 单位球 B 诱导的任意范数 $\|\cdot\|_*$, 其对偶范数为 σ_B, 即单位球的支撑函数. 特别地, 我们有 $\|\cdot\|^\circ = \|\cdot\|$, 即欧氏范数是自对偶的.

3.6.4　共轭的运算法则

在本小节中, 我们将给出与一系列保凸运算相结合的共轭运算法则.

我们首先考虑有限凸正组合的共轭.

命题 3.75 (有限凸正组合的共轭性质)　设 $f_i : \mathbb{E}_i \to \overline{\mathbb{R}}$ $(i = 1, \cdots, p)$, $\mathbb{E} := \bigotimes_{i=1}^p \mathbb{E}_i$, 定义 $f : (x_1, \cdots, x_p) \in \mathbb{E} \mapsto \sum_{i=1}^p f_i(x_i)$. 则

$$f^* : (y_1, \cdots, y_p) \in \mathbb{E} \mapsto \sum_{i=1}^p f_i^*(y_i).$$

证明 对于 $y=(y_1,\cdots,y_p)\in\mathbb{E}$, 我们有

$$\begin{aligned}f^*(y)&=\sup_{(x_1,\cdots,x_p)\in\mathbb{E}}\left\{\sum_{i=1}^p\langle x_i,y_i\rangle-\sum_{i=1}^p f(x_i)\right\}\\&=\sum_{i=1}^p\sup_{x_i\in\mathbb{E}_i}\{\langle x_i,y_i\rangle-f_i(x_i)\}\\&=\sum_{i=1}^p f_i^*(y_i).\end{aligned}$$

□

先前我们花费了大量篇幅去介绍卷积下确界这个保凸运算. 现在我们将说明, 在对偶性的意义下, 其与函数加法紧密相关.

命题 3.76 (卷积下确界的共轭性质) 设 $f,g:\mathbb{E}\to\overline{\mathbb{R}}$. 则如下结论成立:

(1) $(f\#g)^*=f^*+g^*$;

(2) 如果 $f,g\in\Gamma_0$ 使得 $\mathrm{dom}(f)\cap\mathrm{dom}(g)\neq\varnothing$, 则 $(f+g)^*=\mathrm{cl}(f^*\#g^*)$.

证明 (1) 根据定义, 对所有 $y\in\mathbb{E}$, 我们有

$$\begin{aligned}(f\#g)^*(y)&=\sup_x\left\{\langle x,y\rangle-\inf_u\{f(u)+g(x-u)\}\right\}\\&=\sup_{x,u}\{\langle x,y\rangle-f(u)-g(x-u)\}\\&=\sup_{x,u}\{(\langle u,y\rangle-f(u))+(\langle x-u,y\rangle-g(x-u))\}\\&=f^*(y)+g^*(y).\end{aligned}$$

(2) 根据 (1) 和 f,g 闭、适定且凸, 我们有

$$(f^*\#g^*)^*=f^{**}+g^{**}=f+g.$$

因为 $\mathrm{dom}(f)\cap\mathrm{dom}(g)\neq\varnothing$, 所以 $f+g$ 闭、适定且凸. 因此

$$\overline{\mathrm{conv}}(f^*\#g^*)=(f^*\#g^*)^{**}=(f+g)^*.$$

根据命题3.36可以省略等式左边的凸包, 因此 $\mathrm{cl}(f^*\#g^*)=(f+g)^*$. □

我们可以证明, 当**品性条件** (qualification condition)

$$\mathrm{ri}(\mathrm{dom}(f))\cap\mathrm{ri}(\mathrm{dom}(g))\neq\varnothing \tag{3.6.8}$$

成立时, 命题3.76(2) 中的闭包操作可以被省略. 这实际上是一个重要的定理.

定理 3.77 (Attouch-Brézis 定理) 设 $f,g\in\Gamma_0$ 使得 $\mathrm{ri}(\mathrm{dom}(f))\cap\mathrm{ri}(\mathrm{dom}(g))\neq\varnothing$ 成立. 则 $(f+g)^*=f^*\#g^*$, 并且得到的卷积下确界是精确的.

我们的研究需要考虑一些特殊且重要的卷积下确界. 接下来, 我们将从对偶的角度考虑它们.

推论 3.78 (距离函数与 Moreau 包络的共轭性质)　设 $f \in \Gamma_0$, $\lambda > 0$ 并且 C 非空、闭和凸. 则如下结论成立:

(1) $\mathrm{dist}_C \overset{*}{\longleftrightarrow} \sigma_C + \delta_{\mathrm{cl}(B)}$;

(2) $e_\lambda f \overset{*}{\longleftrightarrow} f^* + \lambda\|\cdot\|^2/2$;

(3) $e_\lambda f(x) + e_{\lambda^{-1}} f(x/\lambda) = \|x\|^2/(2\lambda)$, $\forall x \in \mathbb{E}$.

证明　(1) 因为 $\mathrm{dist}_C = \delta_C \# \|\cdot\|$, $\delta_C^* = \sigma_C$ (参见命题3.64) 并且 $\|\cdot\|^* = \sigma_{\mathrm{cl}(B)}^* = \delta_{\mathrm{cl}(B)}$, 则由命题3.76和定理3.77可得相关结论.

(2) 因为 $e_\lambda f = f \# \left(\dfrac{1}{2\lambda}\|\cdot\|^2\right)$, 则由命题3.76、定理3.77以及命题3.57(3)可得相关结论.

(3) 根据 (2), 对所有的 $x \in \mathbb{E}$, 我们有

$$\begin{aligned} e_\lambda f(x) &= \sup_y \left\{ \langle x, y\rangle - f^*(y) - \frac{\lambda}{2}\|y\|^2 \right\} \\ &= \frac{1}{2\lambda}\|x\|^2 - \inf_y \left\{ f^*(y) + \frac{\lambda}{2}\|y - \frac{1}{\lambda}x\|^2 \right\} \\ &= \frac{1}{2\lambda}\|x\|^2 - e_{\lambda^{-1}} f^*\left(\frac{x}{\lambda}\right). \end{aligned}$$

□

接下来我们考虑逐点下确界与逐点上确界的共轭对应关系.

命题 3.79 (逐点上 (下) 确界)　设 $f_i : \mathbb{E} \to \overline{\mathbb{R}}$ $(i \in I)$. 则如下结论成立:

(1) $(\inf_{i\in I} f_i)^* = \sup_{i\in I} f_i^*$;

(2) 若 $f_i \in \Gamma_0$ 和 $\sup_{i\in I} f_i$ 是适定的, 则 $(\sup_{i\in I} f_i)^* = \overline{\mathrm{conv}}(\inf_{i\in I} f_i)^*$.

证明　(1) 对于 $y \in \mathbb{E}$, 我们有

$$\begin{aligned} \left(\inf_{i\in I} f_i\right)^*(y) &= \sup_{x\in\mathbb{E}} \left\{ \langle x, y\rangle - \inf_{i\in I} f_i(x) \right\} \\ &= \sup_{i\in I}\sup_{x\in\mathbb{E}} \{\langle x, y\rangle - f_i(x)\} \\ &= \sup_{i\in I} f_i^*(y). \end{aligned}$$

(2) 因为 $f_i = f_i^{**}$ $(i \in I)$, 根据 (1) 我们可得 $(\inf_{i\in I} f_i^*)^* = \sup_{i\in I} f_i$. 由于后者下半连续凸 (命题3.12) 且适定 (通过假设), 因此它的凸包适定, 那么它的共轭也下半连续凸且适定. 因此, 我们有

$$\overline{\mathrm{conv}}\left(\inf_{i\in I} f_i^*\right) = \left(\inf_{i\in I} f_i^*\right)^{**} = \left(\sup_{i\in I} f_i\right)^*.$$

□

如下我们考虑参数最小化问题的共轭性质.

命题 3.80 (参数最小化) 给定 $f:\mathbb{E}_1\times\mathbb{E}_2\to\overline{\mathbb{R}}$. 则如下结论成立:

(1) 对于 $p:=\inf_{x\in\mathbb{E}_1} f(x,\cdot)$, 我们有 $p^*=f^*(0,\cdot)$;

(2) 对于 $f\in\Gamma_0, \overline{u}\in\mathbb{E}_2$ 使得 $\varphi:=f(\cdot,\overline{u})$ 适定, 并且 $q:=\inf_{y\in\mathbb{E}}\{f^*(\cdot,y)-\langle y,\overline{u}\rangle\}$, 我们有 $\varphi^*=\mathrm{cl}(q)$.

证明 (1) 对于 $u\in\mathbb{E}_2$, 我们有

$$p^*(u)=\sup_y\left\{\langle y,u\rangle-\inf_x f(x,y)\right\}=\sup_{x,y}\{\langle(x,y),(0,u)\rangle-f(x,y)\}=f^*(0,u).$$

(2) 对于 $z\in\mathbb{E}_1$ 我们有

$$\begin{aligned}q^*(z)&=\sup_v\left\{\langle v,z\rangle-\inf_y\{f^*(v,y)-\langle y,\overline{u}\rangle\}\right\}\\&=\sup_{v,y}\{\langle(v,y),(z,\overline{u})\rangle-f^*(v,y)\}\\&=f^{**}(z,\overline{u})\\&=f(z,\overline{u})\\&=\varphi(z).\end{aligned}$$

这里第四个等式是由于 $f\in\Gamma_0$. 注意到由定理3.31我们可得 q 是凸的, 因此

$$\mathrm{cl}(q)=\overline{\mathrm{conv}}(q)=q^{**}=\varphi^*.\qquad\square$$

注意到, 如果 $\overline{u}$ 在 $U:=\{u\in\mathbb{E}_2\mid\exists\, x\in\mathbb{E}_1: f(x,u)<0\}$ 中, 则命题3.80(2)的结论中的闭包可以被省略掉.

最后, 我们以一个关于上复合的结果 (参见命题3.15) 结束本节.

命题 3.81 设 $f:\mathbb{E}\to\overline{\mathbb{R}}$ 适定, $L\in\mathcal{L}(\mathbb{E},\mathbb{E}')$, 并且 $T\in\mathcal{L}(\mathbb{E}',\mathbb{E})$. 则如下结论成立:

(1) $(Lf)^*=f^*\circ\mathrm{adj}(L)$;

(2) 如果 $f\in\Gamma$, 则 $(f\circ T)^*=\mathrm{cl}(f^*\circ\mathrm{adj}(T))$.

证明 (1) 对于 $y\in\mathbb{E}'$ 我们有

$$\begin{aligned}(Lf)^*(y)&=\sup_{z\in\mathbb{E}'}\left\{\langle z,y\rangle-\inf_{x:L(x)=z} f(x)\right\}\\&=\sup_{z\in\mathbb{E}',x\in L^{-1}(\{z\})}\{\langle z,y\rangle-f(x)\}\\&=\sup_{x\in\mathbb{E}}\{\langle x,\mathrm{adj}(L)(y)\rangle-f(x)\}\end{aligned}$$

$$= f^*(\mathrm{adj}(L)(y)).$$

(2) 根据 (1) 和 Fenchel-Moreau 定理可知. □

3.7　Fenchel-Rockafellar 对偶

在本节中, 我们将建立一般的 (凸) 函数最小化问题 (原始问题) 与凹函数最大化问题 (对偶问题) 之间的联系. 具体地说, 该凹函数最大化问题是通过取原问题目标函数的共轭得到的.

为了方便起见, 我们将在本节中使用如下的记号: 定义

$$h^{\vee} : x \in \mathbb{E} \mapsto h(-x) \in \overline{\mathbb{R}}.$$

我们从下面基础的对偶性结果来开始本节. 该结果最初由凸分析之父 Werner Fenchel 给出.

命题 3.82 (Fenchel 对偶定理)　设 $f, g \in \Gamma_0$ 使得 $\mathrm{ri}(\mathrm{dom}(f)) \cap \mathrm{ri}(\mathrm{dom}(g)) \neq \varnothing$. 则

$$\inf(f+g) = \sup -(f^* + g^{*\vee}).$$

证明　不难看出, $\inf(f+g) = -(f+g)^*(0)$. 使用定理 3.77 (Attouch-Brézis 定理), 我们可得

$$\inf(f+g) = -(f^* \# g^*)(0) = -\inf(f^* + g^{*\vee}).$$ □

下面给出上述定理的一个有趣的特殊情况.

推论 3.83　设 $f \in \Gamma_0$, $K \subseteq \mathbb{E}$ 是一个闭凸锥且满足 $\mathrm{ri}(\mathrm{dom}(f)) \cap \mathrm{ri}(K) \neq \varnothing$. 则

$$\inf_K f = \sup_{-K^\circ} -f^*.$$

证明　定义 $g = \delta_K$. 则通过习题 3.20, 我们有 $g^* = \delta_{K^\circ}$. 利用命题 3.82 我们可得

$$\inf_K f = \inf(f+g) = \sup -(f^* + g^{*\vee}) = \sup_{-K^\circ} -f^*.$$ □

接下来, 我们考虑通过引入线性算子来给问题增加一些结构.

定义 3.84 (Fenchel-Rockafellar 对偶性)　设 $f : \mathbb{E}_1 \to \overline{\mathbb{R}}$, $g : \mathbb{E}_2 \to \overline{\mathbb{R}}$ 适定, 且 $L \in \mathcal{L}(\mathbb{E}_1, \mathbb{E}_2)$. 称

$$\inf_{\mathbb{E}_1}(f + g \circ L) \tag{3.7.1}$$

为**原始问题** (primal problem), 称

$$\sup_{\mathbb{E}_2} -(f^* \circ \operatorname{adj}(L) + g^{*\vee})$$

为**对偶问题** (dual problem), 称

$$\Delta(f, g, L) = \inf_{\mathbb{E}_1}(f + g \circ L) - \sup_{\mathbb{E}_2} -(f^* \circ \operatorname{adj}(L) + g^{*\vee})$$

为原始问题和对偶问题之间的**对偶间隙** (duality gap).

易见, 定义 3.84 中的对偶间隙是非负的, 即对偶问题最优值总是原始问题最优值的下界.

命题 3.85 (弱对偶性) 设 $f : \mathbb{E}_1 \to \overline{\mathbb{R}}$, $g : \mathbb{E}_2 \to \overline{\mathbb{R}}$ 适定, 且 $L \in \mathcal{L}(\mathbb{E}_1, \mathbb{E}_2)$. 则有

$$\inf_{\mathbb{E}_1}(f + g \circ L) \geqslant \sup_{\mathbb{E}_2} -(f^* \circ \operatorname{adj}(L) + g^{*\vee}),$$

即 $\Delta(f, g, L) \geqslant 0$.

证明 令 $x \in \mathbb{E}_1$, $y \in \mathbb{E}_2$. 则根据 Fenchel-Young 不等式, 我们有

$$\begin{aligned} f(x) + g(L(x)) &\geqslant -f^*(\operatorname{adj}(L)(y)) + \langle x, \operatorname{adj}(L)(y)\rangle - g^*(-y) + \langle -y, L(x)\rangle \\ &= -(f^* \circ \operatorname{adj}(L) + g^{*\vee})(y). \end{aligned}$$

□

弱对偶定理说明对偶间隙 $\Delta(f, g, L)$ 是非负的. 接下来, 我们将研究在什么样的假设条件下, 对偶间隙为零. 下面的结果被称为 Fenchel-Rockafellar 对偶定理. 在其证明中, 对于给定的 $f : \mathbb{E}_1 \to \overline{\mathbb{R}}$ 和 $g : \mathbb{E}_2 \to \overline{\mathbb{R}}$, 我们将使用下面的记号:

$$f \oplus g : (x, y) \in \mathbb{E}_1 \times \mathbb{E}_2 \mapsto f(x) + g(y).$$

我们称 $f \oplus g$ 是 f 和 g 的**可分和** (separable sum).

定理 3.86 (强对偶性) 设 $f \in \Gamma_0(\mathbb{E}_1), g \in \Gamma_0(\mathbb{E}_2)$ 并且 $L \in \mathcal{L}(\mathbb{E}_1, \mathbb{E}_2)$ 使得 $0 \in \operatorname{ri}(\operatorname{dom}(g) - L(\operatorname{dom}(f)))$. 则 $\Delta(f, g, L) = 0$.

证明 定义

$$C := \operatorname{dom}(f) \times \operatorname{dom}(g) - \operatorname{gph}(L) \subseteq \mathbb{E}_1 \times \mathbb{E}_2 \quad 和 \quad D := \operatorname{dom}(g) - L(\operatorname{dom}(f)) \in \mathbb{E}_2,$$

其中

$$\operatorname{gph}(L) := \{(x, y) \mid y = L(x)\} \subseteq \mathbb{E}_1 \times \mathbb{E}_2.$$

利用关于仿射包的计算规则 (参阅推论 1.37), 以及 $\operatorname{gph}(L)$ 是一个子空间, 我们得到

$$\begin{aligned} \operatorname{aff}(C) &= \operatorname{aff}(\operatorname{dom}(f)) \times \operatorname{aff}(\operatorname{dom}(g)) - \operatorname{gph}(L), \\ \operatorname{aff}(D) &= \operatorname{aff}(\operatorname{dom}(g)) - L(\operatorname{aff}(\operatorname{dom}(f))). \end{aligned}$$

取 $(x,y)\in\operatorname{aff}(C)$, 即存在 $r\in\operatorname{aff}(\operatorname{dom}(f))$, $s\in\operatorname{aff}(\operatorname{dom}(g))$ 并且 $u\in\mathbb{E}_1$ 使得 $(x,y)=(r,s)-(u,L(u))$. 因此

$$y-L(x)=s-L(u)-L(r-u)=s-L(r)\in\operatorname{aff}(D).$$

因为 $0\in\operatorname{ri}(D)$, 则存在 $t>0$ 使得 $t(y-L(x))\in D$. 因此存在 $a\in\operatorname{dom}(f)$ 和 $b\in\operatorname{dom}(g)$ 使得 $y-L(x)=(b-L(a))/t$. 令 $z:=a-tx$, 则有 $x=(a-z)/t$ 和 $y=(b-L(z))/t$, 因此

$$(x,y)=\frac{1}{t}[(a,b)-(z,L(z))]\in\mathbb{R}_+C.$$

因为 $(x,y)\in\operatorname{aff}(C)$ 是任意选择的, 因此可得 $\mathbb{R}_+C=\operatorname{aff}(C)$. 由于假设 $0\in D$, 我们有 $0\in C$, 因此 $\operatorname{aff}(C)=\operatorname{span}(C)$, 即 $\mathbb{R}_+C=\operatorname{span}(C)$. 根据习题 2.8, 我们有 $0\in\operatorname{ri}(C)$. 定义 $\varphi:=f\oplus g$, 并且 $V:=\operatorname{gph}(L)$, 我们有

$$\operatorname{ri}(\operatorname{dom}(\varphi))\cap V=\operatorname{ri}(\operatorname{dom}(f))\times\operatorname{ri}(\operatorname{dom}(g))\cap\operatorname{gph}(L)\neq\varnothing.$$

因此, 利用推论 3.83 我们得到

$$\inf_V\varphi=\sup_{V^\perp}-\varphi^*.$$

根据命题 3.75, 我们有 $\varphi^*=f^*\oplus g^*$. 此外, 容易计算出

$$V^\perp=\{(u,v)\in\mathbb{E}_1\times\mathbb{E}_2\mid u=-\operatorname{adj}(L)(v)\}.$$

所以我们得到

$$\begin{aligned}\inf_{\mathbb{E}_1}(f+g\circ L)&=\inf_V\varphi\\&=\sup_{V^\perp}-\varphi^*\\&=\sup_{(u,v):u=-\operatorname{adj}(L)(v)}-f^*(u)-g^*(v)\\&=\sup_{w\in\mathbb{E}_2}-f^*(\operatorname{adj}(L)(w))-g^*(-w)\\&=\sup_{\mathbb{E}_2}-(f^*\circ\operatorname{adj}(L)+g^{*\vee}).\end{aligned}$$

□

推论 3.87　设 $f\in\Gamma_0(\mathbb{E}_1), g\in\Gamma_0(\mathbb{E}_2)$ 并且 $L\in\mathcal{L}(\mathbb{E}_1,\mathbb{E}_2)$ 使得 $0\in\operatorname{ri}(\operatorname{dom}(g)-L(\operatorname{dom}(f)))$. 则

$$(f+g\circ L)^*(u)=\inf_{v\in\mathbb{E}_2}\{f^*(u-\operatorname{adj}(L)(v))+g^*(v)\}.$$

证明 对于 $u \in \mathbb{E}_1$, 我们有

$$\begin{aligned}(f + g \circ L)^*(u) &= \sup_{x \in \mathbb{E}_1} \{\langle x, u\rangle - f(x) - g(L(x))\} \\ &= -\inf_{x \in \mathbb{E}_1} \{f(x) - \langle x, u\rangle + g(L(x))\} \\ &= \inf_{v \in \mathbb{E}_2} \{f^*(\mathrm{adj}(L)(v) + u) + g^*(-v)\}.\end{aligned}$$ □

作为 Fenchel-Rockafellar 对偶定理的应用, 我们接下来介绍**线性规划** (linear program) 的对偶性.

例 3.88 (线性规划的对偶性) 设 $A \in \mathbb{R}^{m\times n}, c \in \mathbb{R}^n$ 并且 $b \in \mathbb{R}^m$. 标准的线性规划

$$\inf c^{\mathrm{T}} x \quad \text{s.t.} \quad Ax \geqslant b. \tag{3.7.2}$$

使用函数

$$f : x \in \mathbb{R}^n \mapsto c^{\mathrm{T}} x \quad 和 \quad g : y \in \mathbb{R}^m \mapsto \delta_{\mathbb{R}^m_+}(y - b),$$

我们可以将问题 (3.7.2) 写为

$$\inf_{x \in \mathbb{R}^n} \{f(x) + g(Ax)\}.$$

在定义 3.84 的意义下, 上述问题的对偶规划为

$$\begin{aligned}\sup_{y \in \mathbb{R}^m} -f^*(A^{\mathrm{T}} y) - g^*(-y) &\Leftrightarrow \sup_{y \in \mathbb{R}^m} \delta_{\{c\}}(A^{\mathrm{T}} y) - \delta_{\mathbb{R}^m_-}(-y) - b^{\mathrm{T}}(-y) \\ &\Leftrightarrow \sup_{y \geqslant 0, A^{\mathrm{T}} y = c} b^{\mathrm{T}} y.\end{aligned}$$

3.8 凸函数的次微分

本节将展示可微这一概念在 (不可微) 凸函数上的推广, 即 (不可微) 凸函数的次微分. 次微分的概念植根于凸函数的仿射下界性质, 并与共轭性质紧密相连.

3.8.1 定义与基本性质

对于 $f \in \Gamma$, 定理 3.33 告诉我们对每个 $x \in \mathrm{ri}(\mathrm{dom}(f))$, 存在 $g \in \mathbb{E}$ 使得

$$f(x) \geqslant f(\bar{x}) + \langle g, \bar{x} - x\rangle, \quad \forall x \in \mathbb{E}. \tag{3.8.1}$$

这是我们提出如下概念的动机.

定义 3.89 (凸函数的次微分 (subdifferential)) 设 $f:\mathbb{E}\to\overline{\mathbb{R}}$ 是凸函数且 $\bar{x}\in\mathbb{E}$. 向量 $g\in\mathbb{E}$ 被称为函数 f 的一个次梯度, 若次梯度不等式 (3.8.1) 在 $\bar{x}$ 成立. 包含所有次梯度的集合

$$\partial f(\bar{x}):=\{v\in\mathbb{E}\mid f(x)\geqslant f(\bar{x})+\langle v,x-\bar{x}\rangle,\ \forall x\in\mathbb{E}\}$$

被称为 f 在 $\bar{x}$ 的次微分. 记集值映射 $\partial f:\mathbb{E}\rightrightarrows\mathbb{E}$ 的定义域为

$$\operatorname{dom}(\partial f):=\{x\in\mathbb{E}\mid\partial f(x)\neq\varnothing\}.$$

注意到, 在次梯度不等式 (3.8.1) 中我们仅需要考虑点 $x\in\operatorname{dom}(f)$, 这是因为不等式在 $\operatorname{dom}(f)$ 外显然成立.

我们首先研究次微分的基本性质.

命题 3.90 (次微分的基本性质) 设 $f:\mathbb{E}\to\overline{\mathbb{R}}$ 是一个凸函数并且 $\bar{x}\in\operatorname{dom}(f)$. 则如下结论成立:

(1) 对于任意 $\bar{x}\in\operatorname{dom}(f)$, $\partial f(\bar{x})$ 是闭凸集;

(2) 若 f 适定, 则 $\partial f(x)=\varnothing$ 对 $x\notin\operatorname{dom}(f)$ 成立;

(3) 若 f 适定并且 $\bar{x}\in\operatorname{ri}(\operatorname{dom}(f))$, 则 $\partial f(\bar{x})$ 非空;

(4) (广义 Fermat 法则) $0\in\partial f(\bar{x})$ 当且仅当 $\bar{x}$ (在 $\mathbb{E}$ 中) 极小化 f;

(5) $\partial f(\bar{x})=\left\{v\in\mathbb{E}\mid(v,-1)\in N_{\operatorname{epi}(f)}(\bar{x},f(\bar{x}))\right\}$.

证明 (1) 由

$$\partial f(\bar{x})=\bigcap_{x\in\mathbb{E}}\{v\mid\langle x-\bar{x},v\rangle\leqslant f(x)-f(\bar{x})\},$$

与交集保持闭性和凸性可知.

(2) 显然成立.

(3) 由命题3.33可得.

(4) 由定义有

$$0\in\partial f(\bar{x})\ \Leftrightarrow\ f(x)\geqslant f(\bar{x}),\quad\forall x\in\mathbb{E}.$$

(5) 注意到

$$\begin{aligned}v\in\partial f(\bar{x})&\Leftrightarrow f(x)\geqslant f(\bar{x})+\langle v,x-\bar{x}\rangle,\quad\forall x\in\operatorname{dom}(f)\\&\Leftrightarrow\alpha\geqslant f(\bar{x})+\langle v,x-\bar{x}\rangle,\quad\forall(x,\alpha)\in\operatorname{epi}(f)\\&\Leftrightarrow 0\geqslant\langle(v,-1),(x-\bar{x},\alpha-f(\bar{x}))\rangle,\quad\forall(x,\alpha)\in\operatorname{epi}(f)\\&\Leftrightarrow(v,-1)\in N_{\operatorname{epi}(f)}(\bar{x},f(\bar{x})).\end{aligned}$$

□

由上述命题中的 (2) 和 (3) 可以推出

$$\mathrm{ri}(\mathrm{dom}(f)) \subseteq \mathrm{dom}(\partial f) \subseteq \mathrm{dom}(f), \quad \forall f \in \Gamma.$$

如下述例子所示, 凸函数的次微分可以是空的、单点的、有界的或者无界的.

例 3.91 (1) (指示函数) 设 $C \subseteq \mathbb{E}$ 是凸的并且 $\bar{x} \in C$. 则

$$\begin{aligned} g \in \partial\delta_C(\bar{x}) &\Leftrightarrow \delta_C(x) \geqslant \delta_C(\bar{x}) + \langle g, x-\bar{x}\rangle, \quad \forall x \in \mathbb{E} \\ &\Leftrightarrow 0 \geqslant \langle g, x-\bar{x}\rangle, \quad \forall x \in C, \end{aligned}$$

即 $\partial\delta_C(\bar{x}) = N_C(\bar{x})$;

(2) (欧氏范数) 利用基本运算可以验证

$$\partial\|\cdot\|(\bar{x}) = \begin{cases} \dfrac{\bar{x}}{\|\bar{x}\|}, & \text{如果 } \bar{x} \neq 0, \\ \mathrm{cl}(B), & \text{如果 } \bar{x} = 0; \end{cases}$$

(3) (空次微分) 考虑

$$f : x \mapsto \begin{cases} -(1-|x|^2)^{\frac{1}{2}}, & \text{如果} |x| \leqslant 1, \\ +\infty, & \text{否则}. \end{cases}$$

容易验证当 $|x| \geqslant 1$ 时, $\partial f(x) = \varnothing$.

凸函数的共轭与次微分之间有着紧密联系.

定理 3.92 (次微分与共轭函数) 设 $f \in \Gamma_0$. 则下列条件等价:

(1) $y \in \partial f(x)$;

(2) $x \in \arg\max_z \{\langle z, y\rangle - f(z)\}$;

(3) $f(x) + f^*(y) = \langle x, y\rangle$;

(4) $x \in \partial f^*(y)$;

(5) $y \in \arg\max_w \{\langle x, w\rangle - f^*(w)\}$.

证明 注意到

$$\begin{aligned} y \in \partial f(x) &\Leftrightarrow f(z) \geqslant f(x) + \langle y, z-x\rangle \quad (z \in \mathbb{E}) \\ &\Leftrightarrow \langle y, x\rangle - f(x) \geqslant \sup_z \{\langle y, z\rangle - f(z)\} \\ &\Leftrightarrow f(x) + f^*(y) \leqslant \langle x, y\rangle \\ &\Leftrightarrow f(x) + f^*(y) = \langle x, y\rangle, \end{aligned}$$

此处最后一个不等式应用了共轭函数的 Fenchel-Young 不等式. 这建立了 (1), (2), (3) 之间的等价性. 对 f^* 应用相同的论证并注意到 $f^{**} = f$ 就可以得到剩下的等价性. □

从定理 3.92 可以看出, 集值映射 ∂f 和 ∂f^* 互逆. 除此之外, 由上述定理可以得到如下推论.

推论 3.93 设 $C \subseteq \mathbb{E}$. 则下列结论成立.

(1) 对 $x \in \operatorname{dom}(\sigma_C)$, 有 $\partial\sigma_C(x) = \arg\max_C \langle \cdot, x\rangle$.

(2) 如果 C 是一个闭凸锥, 则下列条件等价:

(i) $y \in \partial\delta_C(x)$;

(ii) $x \in \partial\delta_{C^\circ}(y)$;

(iii) $x \in C, y \in C^\circ$ 且 $\langle x, y\rangle = 0$.

另外, 从定理 3.92, 我们可得到一个非常好的性质: 如果 f 是闭、适定且凸的, 那么次微分算子有一个**闭图** (closed graph)

$$\operatorname{gph}(\partial f) := \{(x, y) \in \mathbb{E} \times \mathbb{E} \mid y \in \partial f(x)\}.$$

这个性质也被称作 ∂f 的外半连续性.

推论 3.94 (∂f 的外半连续性 (outer semicontinuity)) 设 $f \in \Gamma_0$, $\{x_k\} \to x$ 并且 $\{y_k \in \partial f(x_k)\} \to y$. 则 $y \in \partial f(x)$, 即 $\operatorname{gph}(\partial f) \in \mathbb{E} \times \mathbb{E}$ 是闭的.

证明 由定理 3.92,

$$f(x_k) + f^*(y_k) = \langle x_k, y_k\rangle, \quad \forall k \in \mathbb{N}.$$

利用 f 和 f^* 是下半连续的, 我们得到

$$f(x) + f^*(y) \leqslant \langle x, y\rangle.$$

接着利用 Fenchel-Young 不等式得到

$$f(x) + f^*(y) = \langle x, y\rangle.$$

最后再次利用定理 3.92 便可以推出 $y \in \partial f(x)$. □

我们以一些有用的次微分算子的有界性性质结束本小节.

定理 3.95 (∂f 的有界性) 设 $f \in \Gamma_0$ 并且 $X \subseteq \operatorname{int}(\operatorname{dom}(f))$ 是凸的非空开集. 则下列结论成立:

(1) f 在 X 上按模 $L \geqslant 0$ Lipschitz 连续当且仅当 $\|v\| \leqslant L$ 对所有 $x \in X, v \in \partial f(x)$ 成立;

(2) 对**紧包含** (compactly contained) 在 X 中的有界集, ∂f 将其映为有界集.

证明 (1) 假设 f 按模 $L \geqslant 0$ 在 X 上 Lipschitz 连续. 取 $x \in X, v \in \partial f(x)$, 由次梯度不等式有

$$f(y) \geqslant f(x) + \langle v, y - x\rangle, \quad \forall y \in \mathbb{E}. \tag{3.8.2}$$

由于 X 是开集, 存在 $r>0$ 使得 $\mathrm{cl}(B_r(x))\subseteq X$. 将向量

$$y=x+\frac{r}{\|v\|}v\in \mathrm{cl}(B_r(x))$$

代入 (3.8.2)式得到

$$f\left(x+\frac{r}{\|v\|}v\right)\geqslant f(x)+r\|x\|.$$

通过移项整理可得

$$\|v\|\leqslant \frac{1}{r}\left|f\left(x+\frac{r}{\|v\|}v\right)-f(x)\right|\leqslant L,$$

从而得到了 (1) 右侧的结论.

相反地, 假设对任何 $x\in X, v\in\partial f(x)$ 有 $\|v\|\leqslant L$. 对 $x,y\in X$ 和 $v\in\partial f(x)$, 利用次梯度不等式和 Cauchy-Schwarz 不等式, 我们有

$$f(x)-f(y)\leqslant\langle v,x-y\rangle\leqslant\|v\|\cdot\|x-y\|\leqslant L\|x-y\|.$$

交换 x 和 y 的位置给出

$$f(y)-f(x)\leqslant L\|x-y\|.$$

综合上面两式, 可得

$$|f(x)-f(y)|\leqslant L\|x-y\|.$$

因此, f 按模 $L>0$ 在 X 上 Lipschitz 连续.

(2) 假设 K 紧包含于 X. 不失一般性, 我们假设 K 是紧的. 若有序列 $\{x_k\in K\}$, $\{v_k\in\partial f(x_k)\}$ 使得 $\|v_k\|\to\infty$. 因为 K 是紧的, 不失一般性, 我们假设 $x_k\to x\in K$. 取 $r>0$ 使得 $\mathrm{cl}(B_r(x))\subseteq X$. 由定理3.51, f 在 $\mathrm{cl}(B_r(x))$ 上按模 L Lipschitz 连续. 由 (1), $\|v\|\leqslant L$ 对所有 $v\in\partial f(y)$ 和 $y\in\mathrm{cl}(B_r(x))$ 成立. 因为对足够大的 k 有 $x_k\in\mathrm{cl}(B_r(x))$, 所以对于这些 k 我们有 $\|v_k\|\leqslant L$, 这与 $\{v_k\}$ 无界的假设矛盾. □

3.8.2 与方向导数的联系

接下来, 我们定义凸函数的方向导数, 其与凸函数的次微分紧密相关.

定义 3.96 (方向导数 (directional derivative)) 设 $f:\mathbb{E}\to\overline{\mathbb{R}}$ 是适定的. 对 $x\in\mathrm{dom}(f)$, 如果

$$\lim_{t\downarrow 0}\frac{f(x+td)-f(x)}{t}$$

(在拓展实数意义下) 存在, 则称 f 在 $\bar{x}$ 关于 $d \in \mathbb{E}$ 方向可导. 在此情况下, 称

$$f'(x;d) := \lim_{t \downarrow 0} \frac{f(x+td)-f(x)}{t}$$

为 f 在 x 关于 d 的方向导数.

命题 3.97 (凸函数的方向导数) 设 $f \in \Gamma, x \in \mathrm{dom}(f)$ 并且 $d \in \mathbb{E}$. 则下列结论成立:

(1) 差商 (difference quotient)

$$t > 0 \mapsto q(t) := \frac{f(x+td)-f(x)}{t}$$

是单调不减的;

(2) $f'(x;d)$ (在 $\overline{\mathbb{R}}$ 中) 存在并且

$$f'(x;d) = \inf_{t>0} q(t);$$

(3) $f'(x;\cdot)$ 是次线性的且 $\mathrm{dom}(f'(x;\cdot)) = \mathbb{R}_+(\mathrm{dom}(f)-x)$;

对于 $x \in \mathrm{ri}(\mathrm{dom}(f))$, $f'(x;\cdot)$ 适定且下半连续.

证明 (1) 取 $0 < s < t$ 并令 $\lambda := s/t \in (0,1)$, $z := x+td$. 若 $f(z) = +\infty$, 则 $q(s) \leqslant q(t) = f(z) = +\infty$. 否则, 由 f 的凸性, 我们有

$$f(x+sd) = f(\lambda z + (1-\lambda)x) \leqslant \lambda f(z) + (1-\lambda)f(x) = f(x) + \lambda(f(z)-f(x)).$$

因此, 在这种情况下 $q(s) \leqslant q(t)$.

(2) 下确界表示由 (1) 中 $q(t)$ 在 $t \downarrow 0$ 时单调递减可得. 因为在拓展实数意义下下确界总是存在, 上述论证同样说明了存在性.

(3) 首先观察到 $0 \in \mathrm{dom}(f'(x;\cdot))$ 且对于所有 $\alpha > 0$ 与 $d \in \mathbb{E}$, 有 $f'(x;\alpha d) = \alpha f'(x;d)$, 即 f' 是正齐次的. 欲说明 $f'(x;\cdot)$ 是次线性的, 我们只需说明其是凸的. 为证明其凸性, 取 $(d,\alpha),(h,\beta) \in \mathrm{epi}_<(f'(x;\cdot))$. 那么对任意足够小的 $t > 0$, 有

$$\frac{f(x+td)-f(x)}{t} < \alpha \quad \text{且} \quad \frac{f(x+th)-f(x)}{t} < \beta.$$

对于这样选取的 $t > 0$, 由 f 的凸性, 我们可以计算得

$$\begin{aligned}
&f(x+t(\lambda d+(1-\lambda)h))-f(x)\\
&= f(\lambda(x+td)+(1-\lambda)(x+th))-f(x)\\
&\leqslant \lambda(f(x+td)-f(x))+(1-\lambda)(f(x+th)-f(x))
\end{aligned}$$

对任意 $\lambda \in (0,1)$ 成立. 由此可以推出

$$\begin{aligned}&\frac{f(x+t(\lambda d+(1-\lambda)h))-f(x)}{t}\\ \leqslant\ & \lambda\frac{f(x+td)-f(x)}{t}+(1-\lambda)\frac{f(x+th)-f(x)}{t}\end{aligned}$$

对足够小的 $t>0$ 和 $\lambda \in (0,1)$ 成立. 令 $t\downarrow 0$, 则得到

$$f'(x;\lambda d+(1-\lambda)h)\leqslant \lambda f'(x;d)+(1-\lambda)f'(x;h)<\lambda\alpha+(1-\lambda)\beta,\quad \forall\lambda\in(0,1).$$

这便证明了 $\mathrm{epi}_<(f'(x;\cdot))$ 的凸性, 从而我们得到了 $f'(x;\cdot)$ 的凸性. 又因为 $f'(x;\cdot)$ 已经被证明是正齐次的, 从而由命题3.62知它是次线性的. 其定义域 $\mathrm{dom}(f'(x;\cdot)) = \mathbb{R}_+(\mathrm{dom}(f)-x)$ 可从 (2) 中推出:

$$\begin{aligned}d\in\mathrm{dom}(f'(x;\cdot)) &\Leftrightarrow \exists t>0: \frac{f(x+td)-f(x)}{t}<+\infty\\ &\Leftrightarrow \exists t>0: f(x+td)-f(x)<+\infty\\ &\Leftrightarrow \exists t>0: x+td\in\mathrm{dom}(f)\\ &\Leftrightarrow \exists t>0: d\in\mathbb{R}_+(\mathrm{dom}(f)-x).\end{aligned}$$

(4) 特别地, 由 (3) 的证明我们知道 $f'(x;\cdot)$ 是凸的. 因为 $f'(x;\cdot)$ 的定义域没有相对边界, 所以由命题3.47知, $f'(x;\cdot)$ 与其闭包处处相同. 因此, $f'(x;\cdot)$ 是下半连续的. 因为 $f'(x;0)=0$, 由习题 3.4, 我们知道 $f'(x;\cdot)$ 是适定的. □

对于一个适定的凸函数, 我们现在建立其次微分与方向导数之间的联系. 关于此的第一个结果是利用方向导数来刻画次微分, 并且它说明了方向导数在次微分算子的定义域上是适定的.

命题 3.98 设 $f\in\Gamma$ 且 $x\in\mathrm{dom}(\partial f)$. 则有

(1) 下列条件等价:

(i) $v\in\partial f(x)$;

(ii) $f'(x;d)\geqslant\langle v,d\rangle$, $\forall d\in\mathbb{E}$.

(2) $f'(x;\cdot)$ 是适定的且次线性的.

证明 (1) 我们知道对于 $v\in\mathbb{E}$, 次微分不等式等价于

$$\frac{f(x+\lambda d)-f(x)}{\lambda}\geqslant\langle d,v\rangle,\quad \forall\lambda>0,\quad d\in\mathbb{E}.$$

随着 $\lambda\downarrow 0$, 左侧单调下降趋于 $f'(x;d)$. 从而我们得到了 (i) 和 (ii) 的等价性.

(2) 取 $v\in\partial f(x)$, 那么由 (1) 可以推出 $f'(x;\cdot)\geqslant\langle\cdot,v\rangle$, 故 $f'(x;\cdot)$ 不会取 $-\infty$. 因此, 由命题3.97(3) 和 $f'(x;0)=0$, $f'(x;\cdot)$ 是适定的和次线性的. □

下面是本小节的主要结果.

定理 3.99 (方向导数与次微分) 设 $f \in \Gamma$ 且 $x \in \mathrm{dom}(\partial f)$. 则

$$\mathrm{cl}(f'(x,\cdot)) = \sigma_{\partial f(x)},$$

即 $f'(x;\cdot)$ 的下半连续包是 $\partial f(x)$ 的支撑函数.

证明 由命题 3.97 我们知道 $f'(x;\cdot)$ 是适定的且次线性的. 对于

$$C = \{v \mid \langle v, d\rangle \leqslant f'(x;d),\ \forall d \in \mathbb{E}\},$$

由推论 3.67 知, $\mathrm{cl}(f'(x;\cdot)) = \sigma_C$. 再由命题 3.98 知, $C = \partial f(x)$, 从而完成了证明. □

定理 3.99 有一系列非常重要的推论.

推论 3.100 设 $f \in \Gamma$ 且 $x \in \mathrm{ri}(\mathrm{dom}(f))$. 则

$$f'(x;\cdot) = \sigma_{\partial f(x)}.$$

证明 由定理 3.99 和命题 3.97(4) 可得. □

推论 3.101 设 $f \in \Gamma$ 且 $x \in \mathrm{dom}(f)$. 则 $\partial f(x)$ 是非空且有界的当且仅当 $x \in \mathrm{int}(\mathrm{dom}(f))$.

证明 若 $x \in \mathrm{int}(\mathrm{dom}(f))$, 从推论 3.100 知 $f'(x;\cdot) = \sigma_{\partial f(x)} > -\infty$. 由命题 3.97 我们知道 $\mathrm{dom}(f'(x;\cdot)) = \mathbb{R}_+(\mathrm{dom}(f) - x)$. 因为 $x \in \mathrm{int}(\mathrm{dom}(f))$, 我们有 $\mathbb{R}_+(\mathrm{dom}(f) - x) = \mathbb{E}$, 故 $f'(x;\cdot)$ 有限, 从而 $\sigma_{\partial f(x)}$ 有限. 因此, $\partial f(x)$ 是有界 (非空) 的 (见习题 3.17).

反过来, 如果 $\partial f(x)$ 是有界非空的, 那么由定理 3.99 和习题 3.17, $\mathrm{cl}(f'(x;\cdot))$ 是有限的. 因此, $f'(x;\cdot)$ 一定是有限的. 故有 $\mathbb{R}_+(\mathrm{dom}(f) - x) = \mathrm{dom}(f'(x;\cdot)) = \mathbb{E}$. 这可以推出 $0 \in \mathrm{int}(\mathrm{dom}(f) - x)$, 即 $x \in \mathrm{int}(\mathrm{dom}(f))$. □

推论 3.102 (最大化公式) 设 $f \in \Gamma$ 且 $x \in \mathrm{int}(\mathrm{dom}(f))$. 则

$$f'(x;\cdot) = \max_{v \in \partial f(x)} \langle v, \cdot\rangle.$$

3.8.3 可微函数的次微分

在本小节, 我们研究凸函数在可微点处的次微分. 我们最终的目的是证明凸函数在定义域内部的点可微当且仅当它的次微分是单点集. 我们还将证明可微凸函数是连续可微的.

定理 3.103 设 $f \in \Gamma$ 且 $x \in \mathrm{int}(\mathrm{dom}(f))$. 则 $\partial f(x)$ 是单点集当且仅当 f 在 x 可微. 且在这种情况下, $\partial f(x) = \{\nabla f(x)\}$ 成立.

证明 若 f 在 x 是可微的, 那么 $f'(x;\cdot)=\langle\nabla f(x),\cdot\rangle$. 因此, 由命题3.98(1), 集合 $\partial f(x)$ 中的元素 $v\in\partial f(x)$ 可以通过

$$\langle\nabla f(x),d\rangle\geqslant\langle v,d\rangle,\quad \forall d\in\mathbb{E}$$

来刻画, 由此可以推出 $v=\nabla f(x)$ 即 $\partial f(x)=\{\nabla f(x)\}$, 从而完成了充分性的证明.

相反地, 假设 $\partial f(x)=\{v\}$. 我们只需要证明

$$\lim_{d\to 0}\frac{f(x+d)-f(x)-\langle v,d\rangle}{\|d\|}=0. \tag{3.8.3}$$

任取 $d_k\to 0$ 并且令

$$t_k:=\|d_k\|,\quad p_k:=\frac{d_k}{\|d_k\|}=\frac{d_k}{t_k}\quad (k\in\mathbb{N}).$$

由于 $\{p_k\}$ 是有界序列, 故存在聚点. 任取聚点 $p\neq 0$ 及相应的收敛子列 $\{p_k\}_{k\in K}$. 于是我们可以计算

$$\begin{aligned}
&\frac{f(x+d_k)-f(x)-\langle v,d_k\rangle}{\|d_k\|}\\
=&\frac{f(x+t_kp_k)-f(x)-t_k\langle v,p_k\rangle}{t_k}\\
=&\frac{f(x+t_kp)-f(x)}{t_k}+\frac{f(x+t_kp_k)-f(x+t_kp)}{t_k}-\langle v,p_k\rangle.
\end{aligned}$$

对上述等式取极限时, 第一项趋于 $f'(x;p)$ (见命题3.97). 由 f 在 $x\in\operatorname{int}(\operatorname{dom}(f))$ 是 Lipschitz 连续的, 可知第二项趋于 0 (见定理3.51). 因此, 我们有

$$\begin{aligned}
\lim_{k\in K}\frac{f(x+d_k)-f(x)-\langle v,d_k\rangle}{\|d_k\|}&=f'(x;p)-\langle v,p\rangle\\
&=\max_{w\in\partial f(x)}\langle w,p\rangle-\langle v,p\rangle\\
&=0.
\end{aligned}$$

这里第二个等式由推论3.102得出, 最后一个等式利用了 $\partial f(x)=\{v\}$. 因为 p 是有界序列 $\{p_k\}$ 的任意一个聚点, 所以我们有

$$\lim_{k\in\mathbb{N}}\frac{f(x+d_k)-f(x)-\langle v,d_k\rangle}{\|d_k\|}=0.$$

由于 $\{d_k\}\to 0$ 是任意选取的, 故这证明了 (3.8.3) 式. □

定理 3.104　设 $f \in \Gamma$ 且 $x \in \text{int}(\text{dom}(f))$. 则 f 在 $\text{int}(\text{dom}(f))$ 上连续可微当且仅当 $\partial f(x)$ 对于任意 $x \in \text{int}(\text{dom}(f))$ 都是单点集.

证明　若 f 在 $\text{int}(\text{dom}(f))$ 上连续可微, 定理3.103立刻得出对于任意 $x \in \text{int}(\text{dom}(f))$, $\partial f(x)$ 都是单点集.

相反地, 若对于任意 $x \in \text{int}(\text{dom}(f))$, $\partial f(x)$ 都是单点集. 由定理3.103, f 在每个点 $x \in \text{int}(\text{dom}(f))$ 上可微. 固定 $x \in \text{int}(\text{dom}(f))$ 并取 $\{x_k \in \text{int}(\text{dom}(f))\} \to x$, 则有 $\nabla f(x_k) \in \partial f(x_k)$ 对任意 $k \in \mathbb{N}$ 成立. (实际上, 我们有 $\partial f(x_k) = \{\nabla f(x_k)\}$.) 接着选择 $r > 0$ 使得 $\text{cl}(B_r(x)) \subseteq \text{int}(\text{dom}(f))$. 因为当 k 足够大时 $x_k \in \text{cl}(B_r(x))$, 所以我们有 $\nabla f(x_k) \in \partial f(\text{cl}(B_r(x)))$. 这里由定理3.95(2) 知 $\partial f(\text{cl}(B_r(x)))$ 是有界的. 因此, 序列 $\{\nabla f(x_k)\}$ 存在一个聚点 $g \in \mathbb{E}$. 且由推论3.94知, 该聚点在 $\partial f(x) = \{\nabla f(x)\}$ 中. 于是在对应的子序列上, $\nabla f(x_k) \to g = \nabla f(x)$. 因为这对每一个聚点都成立, 所以我们实际上有 $\nabla f(x_k) \to \nabla f(x)$ 在整个序列上成立. 又因为 $x_k \to x$ 是任选的, 命题得证. □

推论 3.105 (有限凸函数的可微性)　设 $f : \mathbb{E} \to \mathbb{R}$ 是凸的. 则 f 是可微的当且仅当 f 是连续可微的.

3.8.4　次微分的运算法则

在本小节我们将计算由保凸运算得到的各种凸函数的次微分.

我们首先计算凸函数的可分和的次微分.

命题 3.106 (可分和的次微分)　设 $f_i \in \Gamma(\mathbb{E}_i)$ $(i = 1, 2)$. 则

$$\partial(f_1 \oplus f_2) = \partial f_1 \times \partial f_2.$$

证明　给定任意的 $(x_1, x_2) \in \mathbb{E}_1 \times \mathbb{E}_2$. 对任意的 $y_i \in \mathbb{E}_i, i = 1, 2$, 我们有

$$\begin{aligned}
& (v_1, v_2) \in \partial f_1 \times \partial f_2 \\
\Leftrightarrow\ & f_i(y_i) \geqslant f_i(x_i) + \langle v_i, y_i - x_i \rangle \\
\Leftrightarrow\ & f_1(y_1) + f_2(y_2) \geqslant f_1(x_1) + f_2(x_2) + \langle v_1, y_1 - x_1 \rangle + \langle v_2, y_2 - x_2 \rangle \\
\Leftrightarrow\ & (f_1 \oplus f_2)(y_1, y_2) \geqslant (f_1 \oplus f_2)(x) + \langle (v_1, v_2), (y_1, y_2) - (x_1, x_2) \rangle \\
\Leftrightarrow\ & (v_1, v_2) \in \partial(f_1 \oplus f_2)(x_1, x_2).
\end{aligned}$$

这里, 第二个等价性中的充分性来自于分别取 $y_2 = x_2$ 和 $y_1 = x_1$. □

注意到上述结果可以通过数学归纳法推广到有限多凸函数的可分和.

我们继续考虑上复合 (见命题3.15和命题3.81) 的次微分.

命题 3.107 (上复合的次微分)　设 $f \in \Gamma_0(\mathbb{E})$ 且 $L \in \mathcal{L}(\mathbb{E}, \mathbb{E}')$. 则对于 $y \in \text{dom}(Lf), x \in L^{-1}(\{y\})$, 有下面结论成立:

(1) 如果 $(Lf)(y)=f(x)$, 那么 $\partial(Lf)(y)=(\mathrm{adj}(L))^{-1}(\partial f(x))$;

(2) 如果 $(\mathrm{adj}(L))^{-1}(\partial f(x))\neq\varnothing$, 那么 $(Lf)(y)=f(x)$.

证明 令 $v\in\mathbb{E}'$. 由命题3.81(1) 和定理3.92我们可得

$$\begin{aligned}f(x)+(Lf)^*(v)=\langle y,v\rangle \Leftrightarrow\ & f(x)+f^*(\mathrm{adj}(L)(v))=\langle L(x),v\rangle\\ \Leftrightarrow\ & f(x)+f^*(\mathrm{adj}(L)(v))=\langle x,\mathrm{adj}(L)(v)\rangle\\ \Leftrightarrow\ & \mathrm{adj}(L)(v)\in\partial f(x)\\ \Leftrightarrow\ & v\in(\mathrm{adj}(L))^{-1}(\partial f(x)).\end{aligned}\tag{3.8.4}$$

(1) 由定理3.92和命题3.81(1) 可以推出

$$\begin{aligned}v\in\partial(Lf)(y)\Leftrightarrow\ &(Lf)(y)+(Lf)^*(v)=\langle y,v\rangle\\ \Leftrightarrow\ & f(x)+f^*(\mathrm{adj}(L)(v))=\langle L(x),v\rangle.\end{aligned}\tag{3.8.5}$$

结合 (3.8.4) 式和 (3.8.5) 式可以得到 (1).

(2) 考虑 $v\in(\mathrm{adj}(L))^{-1}(\partial f(x))$. 那么, 由 Fenchel-Young 不等式, $L(x)=y$ 和 (3.8.4) 式可以推出

$$\langle y,v\rangle\leqslant(Lf)(y)+(Lf)^*(v)\leqslant f(x)+(Lf)^*(v)=\langle y,v\rangle.$$

因此 $(Lf)(y)=f(x)$. □

利用命题3.107, 我们可以得到下面关于卷积下确界次微分的结果.

定理 3.108 (卷积下确界的次微分) 设 $f,g\in\Gamma_0$ 且 $x\in\mathrm{dom}(f\#g)(=\mathrm{dom}(f)+\mathrm{dom}(g))$. 则下列结论成立:

(1) $\partial(f\#g)(x)=\partial f(y)\cap\partial g(x-y)$, 其中 $y\in\arg\min_{u\in\mathbb{E}}\{f(u)+g(x-u)\}$;

(2) 若对于某个 $y\in\mathbb{E}$ 有 $\partial f(y)\cap\partial g(x-y)\neq\varnothing$, 则 $(f\#g)(x)=f(y)+g(x-y)$, 即 $y\in\arg\min_{u\in\mathbb{E}}\{f(u)+g(x-u)\}$.

证明 考虑线性映射 $L:(a,b)\in\mathbb{E}\times\mathbb{E}\mapsto a+b\in\mathbb{E}$. 于是, $\mathrm{adj}(L):z\in\mathbb{E}\mapsto(z,z)\in\mathbb{E}\times\mathbb{E}$. 根据相应运算的定义, 我们有 $f\#g=L(f\oplus g)$. 特别地, 有 $\mathrm{dom}(L(f\oplus g))=\mathrm{dom}(f\#g)$. 因此, $L(y,x-y)=x\in\mathrm{dom}(L(f\oplus g))$.

(1) 令 $y\in\arg\min_{u\in\mathbb{E}}\{f(u)+g(x-u)\}$. 因为 $(L(f\oplus g))(x)=(f\oplus g)(y,x-y)$, 由命题3.107(1) 和命题3.106可以推出

$$\begin{aligned}\partial(f\#g)(x)&=\partial(L(f\oplus g))(x)\\&=(\mathrm{adj}(L))^{-1}(\partial(f\oplus g)(y,x-y))\\&=(\mathrm{adj}(L))^{-1}(\partial f(y)\times\partial g(x-y))\\&=\partial f(y)\cap\partial g(x-y).\end{aligned}$$

(2) 由假设我们有

$$\varnothing \neq \partial f(y) \cap \partial g(x-y) = (\mathrm{adj}(L))^{-1}(\partial f(y) \times \partial g(x-y))$$
$$= (\mathrm{adj}(L))^{-1}(\partial(f \oplus g)(y, x-y)).$$

于是, 由命题 3.107(2) 可以推出

$$(f \# g)(x) = (L(f \oplus g))(x) = (f \oplus g)(y, x-y) = f(y) + g(x-y). \qquad \square$$

作为该结论的一个应用, 我们可以得到 (欧氏) 距离函数的次微分.

例 3.109 (欧氏距离的次微分) 设 $C \subseteq \mathbb{E}$ 是一个非空闭凸集合. 则

$$\partial \mathrm{dist}_C(x) = \begin{cases} \left\{ \dfrac{x - P_C(x)}{\mathrm{dist}_C(x)} \right\}, & \text{若 } x \notin C, \\ N_C(x \cap \overline{\mathrm{cl}}(B)), & \text{若 } x \in \mathrm{bd}(C), \\ \{0\}, & \text{否则}. \end{cases}$$

上述可以通过例 3.37、例 3.44、例 3.91(1) 和定理 3.108 得到.

我们的下一个目标是得到凸函数和的次微分与凸函数与线性映射复合的次微分. 更一般地, 考虑 $f + g \circ L$ 的次微分.

引理 3.110 设 $f \in \Gamma(\mathbb{E}_1), g \in \Gamma(\mathbb{E}_2)$ 并且 $L \in \mathcal{L}(\mathbb{E}_1, \mathbb{E}_2)$. 则

$$\partial(f + g \circ L) \supseteq \partial f + \mathrm{adj}(L) \circ (\partial g) \circ L.$$

证明 令 $x \in \mathbb{E}$. 任意一个在集合 $\partial f(x) + (\mathrm{adj}(L) \circ (\partial g) \circ L)(x)$ 中的点都有 $u + \mathrm{adj}(L)(v)$ 的形式, 其中 $u \in \partial f(x), v \in \partial g(L(x))$. 由次微分不等式可得

$$f(y) \geqslant f(x) + \langle u, y-x \rangle \quad \text{且} \quad g(L(y)) \geqslant g(L(x)) + \langle v, L(y) - L(x) \rangle, \quad \forall y \in \mathbb{E}_1.$$

结合这两个不等式得到

$$f(y) + g(L(y)) \geqslant f(x) + g(L(x)) + \langle u + \mathrm{adj}(L)(v), y - x \rangle, \quad \forall y \in \mathbb{E}_1,$$

即 $u + \mathrm{adj}(L)(v) \in \partial(f + g \circ L)(x)$. $\square$

命题 3.111 设 $f \in \Gamma_0(\mathbb{E}_1), g \in \Gamma_0(\mathbb{E}_2)$ 且 $L \in \mathcal{L}(\mathbb{E}_1, \mathbb{E}_2)$ 使得 $(f + g \circ L)^* = \min_{v \in \mathbb{E}_2} \{f^*((\cdot) - \mathrm{adj}(L)(v)) + g^*(v)\}$ 成立. 则

$$\partial(f + g \circ L) = \partial f + \mathrm{adj}(L) \circ (\partial g) \circ L.$$

证明 由引理 3.110 只需要证明 $\mathrm{gph}(\partial(f + g \circ L)) \subseteq \mathrm{gph}(\partial f + \mathrm{adj}(L)(\partial g) \circ L)$. 取 $(x, u) \in \mathrm{gph}(\partial(f + g \circ L))$, 由定理 3.92 我们有

$$(f + g \circ L)(x) + (f + g \circ L)^*(u) = \langle x, u \rangle. \tag{3.8.6}$$

又因为由假设存在 $v \in \mathbb{E}_2$ 使得

$$(f + g \circ L)^*(u) = f^*(u - \mathrm{adj}(L)(v)) + g^*(v),$$

所以, 我们可以得到

$$[f(x)+f^*(u-\mathrm{adj}(L)(v))-\langle x, u - \mathrm{adj}(L)(v)\rangle]+[g(L(x))+g^*(v)-\langle x, \mathrm{adj}(L)(v)\rangle]=0.$$

由 Fenchel-Young 不等式, 我们进一步可得

$$f(x) + f^*(u - \mathrm{adj}(L)(v)) = \langle x, u - \mathrm{adj}(L)(v)\rangle$$

且

$$g(L(x)) + g^*(v) - \langle x, \mathrm{adj}(L)(v)\rangle = 0.$$

接着再次利用定理 3.92, 可以推出

$$u - \mathrm{adj}(L)(v) \in \partial f(x) \quad 且 \quad v \in \partial g(L(x)).$$

于是, 我们得到期望的 $u \in \partial f(x) + \mathrm{adj}(L)\partial g(L(x))$. □

我们接下来阐述主要结果.

定理 3.112 (推广的次微分加法法则) 设 $f \in \Gamma_0(\mathbb{E}_1), g \in \Gamma_0(\mathbb{E}_2)$ 且 $L \in \mathcal{L}(\mathbb{E}_1, \mathbb{E}_2)$. 则

$$\partial(f + g \circ L) \supseteq \partial f + \mathrm{adj}(L) \circ (\partial g) \circ L. \tag{3.8.7}$$

在品性条件

$$L(\mathrm{ri}(\mathrm{dom}(f))) \cap \mathrm{ri}(\mathrm{dom}(g)) \neq \varnothing \tag{3.8.8}$$

下, (3.8.7) 式中的等号成立.

证明 由品性条件 $L(\mathrm{ri}(\mathrm{dom}(f))) \cap \mathrm{ri}(\mathrm{dom}(g)) \neq \varnothing$, 我们可以利用推论 3.87 推出 $(f + g \circ L)^* = \min_{v \in \mathbb{E}_2} \{f^*((\cdot) - \mathrm{adj}(L)(v)) + g^*(v)\}$. 因此, 由命题 3.111 便可以得到想要的结论. □

推论 3.113 (次微分加法法则) 设 $f, g \in \Gamma$, 则

$$\partial(f + g) \supseteq \partial f + \partial g \quad (x \in \mathbb{E}). \tag{3.8.9}$$

在品性条件

$$\mathrm{ri}(\mathrm{dom}(f)) \cap \mathrm{ri}(\mathrm{dom}(g)) \neq \varnothing \tag{3.8.10}$$

下, (3.8.9) 式中的等号成立.

推论 3.114 (次微分复合法则) 设 $g \in \Gamma(\mathbb{E}_2)$ 且 $L \in \mathcal{L}(\mathbb{E}_1, \mathbb{E}_2)$. 则

$$\partial(g \circ L) \supseteq \operatorname{adj}(L) \circ (\partial g) \circ L. \tag{3.8.11}$$

在品性条件

$$\operatorname{im}(L) \cap \operatorname{ri}(\operatorname{dom}(g)) \neq \varnothing \tag{3.8.12}$$

下, (3.8.11) 式中的等号成立.

我们接着考虑有限个凸函数的逐点最大值函数的次微分.

定理 3.115 (凸函数逐点最大值函数的次微分) 对于 $i \in I := \{1, 2, \cdots, m\}$, 设 $f_i \in \Gamma, x \in \bigcap_{i \in I} \operatorname{int}(\operatorname{dom}(f_i))$ 并令

$$f := \max_{i \in I} f_i, I(x) := \{i \in I \mid f_i(x) = f(x)\}.$$

则

$$\partial f(x) = \overline{\operatorname{conv}}\left(\bigcup_{i \in I(x)} \partial f_i(x)\right).$$

证明 令 $i \in I(x)$ 且 $u \in \partial f_i(x)$. 那么, 由次微分不等式, 我们有

$$\langle u, y - x \rangle \leqslant f_i(y) - f_i(x) \leqslant f(y) - f(x), \quad \forall y \in \mathbb{E},$$

即 $u \in \partial f(x)$. 又因为 $\partial f(x)$ 是闭凸的, 我们可以得到 (参见命题 3.90(1))

$$\partial f(x) \supseteq \left(\overline{\operatorname{conv}} \bigcup_{i \in I(x)} \partial f_i(x)\right).$$

假设上述包含关系是严格的, 即存在

$$u \in \partial f(x) \Big\backslash \overline{\operatorname{conv}}\left(\bigcup_{i \in I(x)} \partial f_i(x)\right). \tag{3.8.13}$$

由强分离性, 存在 $s \in \mathbb{E} \backslash \{0\}$ 使得

$$\langle s, u \rangle > \max_{i \in I(x)} \sup_{z \in \partial f_i(x)} \langle s, z \rangle = \max_{i \in I(x)} f_i'(x; s). \tag{3.8.14}$$

这里, 第二个等式由推论 3.102 得到. 由注释 2.70 和对所有 i 有 $x \in \operatorname{int}(\operatorname{dom}(f_i))$, 我们可以通过缩放 s 使得

$$x + s \in \bigcap_{i \in I} \operatorname{dom}(f_i) = \operatorname{dom}(f). \tag{3.8.15}$$

现在令 $\{\alpha_k \in (0,1)\} \downarrow 0$. 因为 I 是有限的, 不失一般性, 我们可以假设存在 $j \in I$ 使得

$$f_j(x+\alpha_k s) = f(x+\alpha_k s), \quad \forall k \in \mathbb{N}. \tag{3.8.16}$$

因此, 对 $k \in \mathbb{N}$, 我们有 $f_j(x+\alpha_k s) \leqslant (1-\alpha_k)f_j(x) + \alpha_k f_j(x+s)$. 于是

$$\begin{aligned}(1-\alpha_k)f_j(x) &\geqslant f_j(x+\alpha_k s) - \alpha_k f_j(x+s)\\ &\geqslant f(x+\alpha_k s) - \alpha_k f(x+s)\\ &\geqslant f(x) + \langle u, \alpha_k s\rangle - \alpha_k f(x+s)\\ &\geqslant f_j(x) + \alpha_k \langle u, s\rangle - \alpha_k f(x+s).\end{aligned}$$

这里, 第二个不等式利用 (3.8.16) 式和 f 的定义. 第三个不等式利用 $u \in \partial f(x)$ (参见 (3.8.13) 式). 最后一个不等式再一次利用了 f 的定义. 接着, 令 $k \to \infty$ 并利用 (3.8.15) 式, 可以得到

$$f_j(x) = f(x). \tag{3.8.17}$$

最后, 利用 (3.8.16), (3.8.17), (3.8.13) 和 (3.8.14) 式, 我们得到矛盾

$$f_j'(x;s) < \langle s, u\rangle \leqslant \frac{f(x+\alpha_k s) - f(x)}{\alpha_k} = \frac{f_j(x+\alpha_k s) - f_j(x)}{\alpha_k} \to f_j'(x;s). \qquad \square$$

下面是前述结论的一个常用推论.

推论 3.116 对 $i \in I := \{1,2,\cdots,m\}$, 设 $f_i \in \Gamma$ 使得其在

$$x \in \bigcap_{i\in I} \operatorname{int}(\operatorname{dom}(f_i))$$

可微, 且令 $f := \max_{i\in I} f_i, I(x) := \{i \in I \mid f_i(x) = f(x)\}$. 则

$$\partial f(x) = \operatorname{conv}\{\nabla f_i(x) \mid i \in I(x)\}.$$

证明 结合定理 3.115 和定理 3.103 可得. $\square$

习 题 3

3.1 下半连续函数的定义域是闭的吗?

3.2 设 $f: \mathbb{R} \to \overline{\mathbb{R}}$ 且 $I \subseteq \operatorname{dom}(f)$ 是一个开区间. (不用 3.1.2 节中的结果) 证明以下结论:

(1) f 在 I 上凸当且仅当斜率函数

$$x \mapsto \frac{f(x) - f(x_0)}{x - x_0}$$

在 $I \setminus \{x_0\}$ 上单调不减;

(2) 考虑 f 在 I 上可微. 那么 f 在 I 上凸只需 f' 在 I 上单调不减, 即

$$f'(s) \leqslant f'(t), \quad \forall s, t \in I : s \leqslant t;$$

(3) 考虑 f 在 I 上二阶可微. 那么 f 在 I 上凸当且仅当对于任意 $x \in I$ 有 $f''(x) \geqslant 0$.

3.3 令 $f : \mathbb{E} \to \overline{\mathbb{R}}$. 证明下列条件等价:

(1) f 是凸的;

(2) f 的严格上图 $\mathrm{epi}_<(f)$ 是凸的;

(3) 当 $f(x) < \alpha$ 且 $f(y) < \beta$ 时, 对任意 $\lambda \in (0,1)$, 我们有 $f(\lambda x+(1-\lambda)y) < \lambda\alpha + (1-\lambda)\beta$.

3.4 证明以下结论:

(1) 考虑 $f : \mathbb{E} \to \overline{\mathbb{R}}$ 是一个非适定的凸函数, 则对任意 $x \in \mathrm{ri}(\mathrm{dom}(f))$ 有 $f(x) = -\infty$;

(2) 下半连续的非适定凸函数只能取无穷值;

(3) 考虑凸函数 f, 那么 $\mathrm{cl}(f)$ 适定当且仅当 f 适定.

3.5 证明推论 3.4.

3.6 函数 $f : \mathbb{E} \to \overline{\mathbb{R}}$ 被称为拟凸的, 若对每个 $\alpha \in \mathbb{R}$, 其水平集 $\mathrm{lev}_{\leqslant\alpha}(f)$ 都是凸的. 证明以下结论:

(1) 每个凸函数都是拟凸的;

(2) $f : \mathbb{E} \to \overline{\mathbb{R}}$ 是拟凸的当且仅当

$$f(\lambda x + (1-\lambda)y) \leqslant \max\{f(x), f(y)\}, \quad \forall x, y \in \mathrm{dom}(f), \quad \lambda \in [0,1];$$

(3) 若 $f : \mathbb{E} \to \overline{\mathbb{R}}$ 是拟凸的, 那么 $\arg\min f$ 是一个凸集合.

3.7 证明引理 3.21.

3.8 在命题 3.14 的条件下,

(1) 证明 $g \circ f$ 是下半连续且凸的;

(2) 给出 $g \circ f$ 适定的充要条件.

3.9 设 $f \in \Gamma$ 且 $g : \mathbb{E} \to \overline{\mathbb{R}}$ 是超强制的. 证明 $f + g$ 是超强制的.

3.10 设 $f \in \Gamma_0$ 且 $\bar{x} \in \mathrm{dom}(f)$. 证明

$$P_\lambda f(\bar{x}) \to \bar{x} \quad 且 \quad f(P_\lambda f(\bar{x})) \to f(\bar{x}) \quad (\lambda \downarrow 0).$$

3.11 设 $f : \mathbb{E} \to \mathbb{R}$ 是可微的凸函数且 $C \subseteq \mathbb{E}$. 证明 $\bar{x} \in C$ 在 C 上最小化 f 当且仅当 $-\nabla f(\bar{x}) \in N_C(\bar{x})$.

3.12 令 $f:\mathbb{E}\to\overline{\mathbb{R}}$. 证明下列结论:

(1) $\mathrm{epi}(\overline{\mathrm{conv}}(f))=\overline{\mathrm{conv}}(\mathrm{epi}(f))$;

(2) $(\mathrm{conv}(f))(x)=\inf\left\{\sum_{i=1}^{N+2}\lambda_i f(x_i)\middle|\lambda\in\Delta_{N+2},x=\sum_{i=1}^{N+2}\lambda_i x_i\right\}$.

3.13 令 $f:\mathbb{E}\to\overline{\mathbb{R}}$.

(1) 证明若 $\mathrm{conv}(f)$ 适定则 f 适定. 该结论反过来成立吗?

(2) 证明 $\mathrm{conv}(f)$ 适定当且仅当 f 有仿射下界.

3.14 证明 $\|\cdot\|^2/2$ 是满足 $f^*=f, f:\mathbb{R}^n\to\overline{\mathbb{R}}$ 性质的唯一函数.

3.15 计算下述函数 f 的 f^* 与 f^{**}:

$$f:X\in\mathbb{S}^n\mapsto\begin{cases}-\log(\det X), & \text{如果 } X\succ 0,\\ +\infty, & \text{否则}.\end{cases}$$

3.16 证明命题3.62.

3.17 设集合 $S\subseteq\mathbb{E}$ 是非空的. 证明 σ_S 是有限的当且仅当 S 是有界的.

3.18 证明下列结论:

(1) 若 $C\subseteq\mathbb{E}$ 是一个锥, 则

$$\{v\mid\langle v,x\rangle\leqslant 0,\ \forall x\in C\}=\{v\mid\langle v,x\rangle\leqslant 1,\ \forall x\in C\};$$

(2) 集合 $C\subseteq\mathbb{E}$ 有界当且仅当 $0\in\mathrm{int}(C^\circ)$;

(3) 对于任意闭的包含 0 的半空间 H, 我们有 $H^{\circ\circ}=H$.

3.19 设 $C\subseteq\mathbb{E}$ 是非空、闭、凸的, 且 $0\in C$. 证明

(1) $C=\mathrm{lev}_{\leqslant 1}(\gamma_C)$, $C^\infty=\gamma_C^{-1}(\{0\})$, $\mathrm{dom}(\gamma_C)=\mathbb{R}_+C$.

(2) 下列条件等价:

(i) γ_C 是一个 (以 C 作为其单位球的) 范数;

(ii) C 有界, 对称 $(C=-C)$ 且有非空内部.

3.20 设 $K\subseteq\mathbb{E}$ 是一个凸锥. 证明 $\delta_K\overset{*}{\longleftrightarrow}\delta_{K^\circ}$.

3.21 对于 $f:x\in\mathbb{R}^n\mapsto\|x\|_1$ 计算 ∂f 和 $e_\lambda f$ $(\lambda>0)$.

参考文献

[1] Minkowski H. Gesammelte Abhandlungen [M]. Leipzig: BG Teubner, 1911.

[2] Moreau J J. Décomposition orthogonale d'un espace hilbertien selon deux cônes mutuellement polaires [J]. Comptes Rendus Hebdomadaires Des Séances de l' Académie Des Sciences, 1962, 255: 238-240.

[3] Moreau J J. Fonctionnelles convexes [J]. Séminaire Jean Leray, 1966, (2): 1-108.

[4] Fenchel W. Convex Cones, Sets, and Functions [M]. Princeton: Princeton University, Department of Mathematics, Logistics Research Project, 1953.

[5] Fenchel W. Convexity through the ages [M]// Convexity and Its Applications. Basel: Birkhäuser, 1983: 120-130.

[6] Fenchel W. On conjugate convex functions [M]// Traces and Emergence of Nonlinear Programming. Basel: Birkhäuser, 2014: 125-129.

[7] Polyak B T. Minimization of unsmooth functionals [J]. USSR Computational Mathematics and Mathematical Physics, 1969, 9(3): 14-29.

[8] Rockafellar R T. Monotone operators and the proximal point algorithm [J]. SIAM Journal on Control and Optimization, 1976, 14(5): 877-898.

[9] Rockafellar R T. Convex Analysis [M]. Princeton: Princeton University Press, 1970.

[10] Rockafellar R T. Conjugate Duality and Optimization [M]. Philadelphia: Society for Industrial and Applied Mathematics, 1974.

[11] Hiriart-Urruty J B, Lemaréchal C. Convex Analysis and Minimization Algorithms I: Fundamentals [M]. Berlin, Heidelberg: Springer, 1993.

[12] Hiriart-Urruty J B, Lemaréchal C. Fundamentals of Convex Analysis [M]. Berlin, Heidelberg: Springer, 2001.

[13] Bertsekas D, Nedic A, Ozdaglar A. Convex Analysis and Optimization [M]. Belmont MA: Athena Scientific, 2003.

[14] Borwein J, Lewis A. Convex Analysis and Nonlinear Optimization: Theory and Examples [M]. 2nd ed. New York: Springer, 2006.

[15] Bauschke H H, Combettes P L. Convex Analysis and Monotone Operator Theory in Hilbert Spaces [M]. 2nd ed. Cham: Springer International Publishing, 2017.

[16] Roberts A W. Convex functions [M]// Handbook of Convex Geometry. Amsterdam: Elsevier, 1993: 1081-1104.

[17] Magaril-Ilyaev G G, Tikhomirov V M. Convex Analysis: Theory and Applications [M]. Providence: American Mathematical Society, 2003.

[18] Krantz S G. Convex Analysis [M]. Philadelphia: Chapman and Hall/CRC, 2014.
[19] Rockafellar R T, Wets R J B. Variational Analysis [M]. Berlin, Heidelberg: Springer, 1998.
[20] Ekeland I, Témam R. Convex Analysis and Variational Problems [M]. Philadelphia: Society for Industrial and Applied Mathematics, 1999.
[21] Zalinescu C. Convex Analysis in General Vector Spaces [M]. River Edge, NJ: World Scientific, 2002.
[22] Troutman J L. Variational Calculus with Elementary Convexity [M]. Berlin, Heidelberg: Springer Science & Business Media, 2012.
[23] Sun W, Yuan Y. Optimization Theory and Methods: Nonlinear Programming [M]. New York: Springer Science & Business Media, 2006.
[24] 史树中. 凸分析 [M]. 上海: 上海科学技术出版社, 1990.
[25] 寇述舜. 凸分析与凸二次规划 [M]. 天津: 天津大学出版社, 1994.
[26] 冯德兴. 凸分析基础 [M]. 北京: 科学出版社, 1995.
[27] 胡毓达, 孟志青. 凸分析与非光滑分析 [M]. 上海: 上海科学技术出版社, 2000.
[28] 袁亚湘. 非线性优化计算方法 [M]. 北京: 科学出版社, 2008.
[29] 袁亚湘, 孙文瑜. 最优化理论与方法 [M]. 北京: 科学出版社, 1997.
[30] 王宜举, 修乃华. 非线性最优化理论与方法 [M]. 北京: 科学出版社, 2012.
[31] 边伟, 秦泗甜, 薛小平. 非光滑优化及其变分分析 [M]. 哈尔滨: 哈尔滨工业大学出版社, 2014.
[32] 高岩. 非光滑优化 [M]. 2 版. 北京: 科学出版社, 2018.
[33] 李学文, 闫桂峰, 李庆娜. 最优化方法 [M]. 北京: 北京理工大学出版社, 2018.
[34] 李庆娜, 李萌萌, 于盼盼. 凸分析讲义 [M]. 北京: 科学出版社, 2019.

“现代数学基础丛书”已出版书目

（按出版时间排序）

1　数理逻辑基础(上册)　1981. 1　胡世华　陆钟万　著
2　紧黎曼曲面引论　1981. 3　伍鸿熙　吕以辇　陈志华　著
3　组合论(上册)　1981. 10　柯　召　魏万迪　著
4　数理统计引论　1981. 11　陈希孺　著
5　多元统计分析引论　1982. 6　张尧庭　方开泰　著
6　概率论基础　1982. 8　严士健　王隽骧　刘秀芳　著
7　数理逻辑基础(下册)　1982. 8　胡世华　陆钟万　著
8　有限群构造(上册)　1982. 11　张远达　著
9　有限群构造(下册)　1982. 12　张远达　著
10　环与代数　1983. 3　刘绍学　著
11　测度论基础　1983. 9　朱成熹　著
12　分析概率论　1984. 4　胡迪鹤　著
13　巴拿赫空间引论　1984. 8　定光桂　著
14　微分方程定性理论　1985. 5　张芷芬　丁同仁　黄文灶　董镇喜　著
15　傅里叶积分算子理论及其应用　1985. 9　仇庆久等　编
16　辛几何引论　1986. 3　J. 柯歇尔　邹异明　著
17　概率论基础和随机过程　1986. 6　王寿仁　著
18　算子代数　1986. 6　李炳仁　著
19　线性偏微分算子引论(上册)　1986. 8　齐民友　著
20　实用微分几何引论　1986. 11　苏步青等　著
21　微分动力系统原理　1987. 2　张筑生　著
22　线性代数群表示导论(上册)　1987. 2　曹锡华等　著
23　模型论基础　1987. 8　王世强　著
24　递归论　1987. 11　莫绍揆　著
25　有限群导引(上册)　1987. 12　徐明曜　著
26　组合论(下册)　1987. 12　柯　召　魏万迪　著
27　拟共形映射及其在黎曼曲面论中的应用　1988. 1　李　忠　著
28　代数体函数与常微分方程　1988. 2　何育赞　著

29　同调代数　1988.2　周伯壎　著
30　近代调和分析方法及其应用　1988.6　韩永生　著
31　带有时滞的动力系统的稳定性　1989.10　秦元勋等　编著
32　代数拓扑与示性类　1989.11　马德森著　吴英青　段海豹译
33　非线性发展方程　1989.12　李大潜　陈韵梅　著
34　反应扩散方程引论　1990.2　叶其孝等　著
35　仿微分算子引论　1990.2　陈恕行等　编
36　公理集合论导引　1991.1　张锦文　著
37　解析数论基础　1991.2　潘承洞等　著
38　拓扑群引论　1991.3　黎景辉　冯绪宁　著
39　二阶椭圆型方程与椭圆型方程组　1991.4　陈亚浙　吴兰成　著
40　黎曼曲面　1991.4　吕以辇　张学莲　著
41　线性偏微分算子引论(下册)　1992.1　齐民友　徐超江　编著
42　复变函数逼近论　1992.3　沈燮昌　著
43　Banach 代数　1992.11　李炳仁　著
44　随机点过程及其应用　1992.12　邓永录等　著
45　丢番图逼近引论　1993.4　朱尧辰等　著
46　线性微分方程的非线性扰动　1994.2　徐登洲　马如云　著
47　广义哈密顿系统理论及其应用　1994.12　李继彬　赵晓华　刘正荣　著
48　线性整数规划的数学基础　1995.2　马仲蕃　著
49　单复变函数论中的几个论题　1995.8　庄圻泰　著
50　复解析动力系统　1995.10　吕以辇　著
51　组合矩阵论　1996.3　柳柏濂　著
52　Banach 空间中的非线性逼近理论　1997.5　徐士英　李　冲　杨文善　著
53　有限典型群子空间轨道生成的格　1997.6　万哲先　霍元极　著
54　实分析导论　1998.2　丁传松等　著
55　对称性分岔理论基础　1998.3　唐　云　著
56　Gel fond-Baker 方法在丢番图方程中的应用　1998.10　乐茂华　著
57　半群的 S-系理论　1999.2　刘仲奎　著
58　有限群导引(下册)　1999.5　徐明曜等　著
59　随机模型的密度演化方法　1999.6　史定华　著
60　非线性偏微分复方程　1999.6　闻国椿　著
61　复合算子理论　1999.8　徐宪民　著
62　离散鞅及其应用　1999.9　史及民　编著

63　调和分析及其在偏微分方程中的应用　1999. 10　苗长兴　著
64　惯性流形与近似惯性流形　2000. 1　戴正德　郭柏灵　著
65　数学规划导论　2000. 6　徐增堃　著
66　拓扑空间中的反例　2000. 6　汪　林　杨富春　编著
67　拓扑空间论　2000. 7　高国士　著
68　非经典数理逻辑与近似推理　2000. 9　王国俊　著
69　序半群引论　2001. 1　谢祥云　著
70　动力系统的定性与分支理论　2001. 2　罗定军　张　祥　董梅芳　编著
71　随机分析学基础(第二版)　2001. 3　黄志远　著
72　非线性动力系统分析引论　2001. 9　盛昭瀚　马军海　著
73　高斯过程的样本轨道性质　2001. 11　林正炎　陆传荣　张立新　著
74　数组合地图论　2001. 11　刘彦佩　著
75　光滑映射的奇点理论　2002. 1　李养成　著
76　动力系统的周期解与分支理论　2002. 4　韩茂安　著
77　神经动力学模型方法和应用　2002. 4　阮炯　顾凡及　蔡志杰　编著
78　同调论——代数拓扑之一　2002. 7　沈信耀　著
79　金兹堡-朗道方程　2002. 8　郭柏灵等　著
80　排队论基础　2002. 10　孙荣恒　李建平　著
81　算子代数上线性映射引论　2002. 12　侯晋川　崔建莲　著
82　微分方法中的变分方法　2003. 2　陆文端　著
83　周期小波及其应用　2003. 3　彭思龙　李登峰　谌秋辉　著
84　集值分析　2003. 8　李　雷　吴从炘　著
85　数理逻辑引论与归结原理　2003. 8　王国俊　著
86　强偏差定理与分析方法　2003. 8　刘　文　著
87　椭圆与抛物型方程引论　2003. 9　伍卓群　尹景学　王春朋　著
88　有限典型群子空间轨道生成的格(第二版)　2003. 10　万哲先　霍元极　著
89　调和分析及其在偏微分方程中的应用(第二版)　2004. 3　苗长兴　著
90　稳定性和单纯性理论　2004. 6　史念东　著
91　发展方程数值计算方法　2004. 6　黄明游　编著
92　传染病动力学的数学建模与研究　2004. 8　马知恩　周义仓　王稳地　靳　祯　著
93　模李超代数　2004. 9　张永正　刘文德　著
94　巴拿赫空间中算子广义逆理论及其应用　2005. 1　王玉文　著
95　巴拿赫空间结构和算子理想　2005. 3　钟怀杰　著
96　脉冲微分系统引论　2005. 3　傅希林　闫宝强　刘衍胜　著

97 代数学中的 Frobenius 结构 2005. 7 汪明义 著
98 生存数据统计分析 2005. 12 王启华 著
99 数理逻辑引论与归结原理(第二版) 2006. 3 王国俊 著
100 数据包络分析 2006. 3 魏权龄 著
101 代数群引论 2006. 9 黎景辉 陈志杰 赵春来 著
102 矩阵结合方案 2006. 9 王仰贤 霍元极 麻常利 著
103 椭圆曲线公钥密码导引 2006. 10 祝跃飞 张亚娟 著
104 椭圆与超椭圆曲线公钥密码的理论与实现 2006. 12 王学理 裴定一 著
105 散乱数据拟合的模型方法和理论 2007. 1 吴宗敏 著
106 非线性演化方程的稳定性与分歧 2007 .4 马 天 汪守宏 著
107 正规族理论及其应用 2007.4 顾永兴 庞学诚 方明亮 著
108 组合网络理论 2007. 5 徐俊明 著
109 矩阵的半张量积:理论与应用 2007. 5 程代展 齐洪胜 著
110 鞅与 Banach 空间几何学 2007. 5 刘培德 著
111 戴维–斯特瓦尔松方程 2007. 5 戴正德 蒋慕蓉 李栋龙 著
112 非线性常微分方程边值问题 2007. 6 葛渭高 著
113 广义哈密顿系统理论及其应用 2007. 7 李继彬 赵晓华 刘正荣 著
114 Adams 谱序列和球面稳定同伦群 2007. 7 林金坤 著
115 矩阵理论及其应用 2007. 8 陈公宁 著
116 集值随机过程引论 2007. 8 张文修 李寿梅 汪振鹏 高 勇 著
117 偏微分方程的调和分析方法 2008.1 苗长兴 张 波 著
118 拓扑动力系统概论 2008. 1 叶向东 黄 文 邵 松 著
119 线性微分方程的非线性扰动(第二版) 2008.3 徐登洲 马如云 著
120 数组合地图论(第二版) 2008. 3 刘彦佩 著
121 半群的 S–系理论(第二版) 2008. 3 刘仲奎 乔虎生 著
122 巴拿赫空间引论(第二版) 2008. 4 定光桂 著
123 拓扑空间论(第二版) 2008. 4 高国士 著
124 非经典数理逻辑与近似推理(第二版) 2008. 5 王国俊 著
125 非参数蒙特卡罗检验及其应用 2008. 8 朱力行 许王莉 著
126 Camassa-Holm 方程 2008. 8 郭柏灵 田立新 杨灵娥 殷朝阳 著
127 环与代数(第二版) 2009. 1 刘绍学 郭晋云 朱 彬 韩 阳 著
128 泛函微分方程的相空间理论及应用 2009. 4 王 克 范 猛 著
129 概率论基础(第二版) 2009. 8 严士健 王隽骧 刘秀芳 著
130 自相似集的结构 2010. 1 周作领 瞿成勤 朱智伟 著

131 现代统计研究基础 2010.3 王启华 史宁中 耿 直 主编
132 图的可嵌入性理论(第二版) 2010.3 刘彦佩 著
133 非线性波动方程的现代方法(第二版) 2010.4 苗长兴 著
134 算子代数与非交换 L_p空间引论 2010.5 许全华 吐尔德别克 陈泽乾 著
135 非线性椭圆型方程 2010.7 王明新 著
136 流形拓扑学 2010.8 马 天 著
137 局部域上的调和分析与分形分析及其应用 2011.6 苏维宜 著
138 Zakharov 方程及其孤立波解 2011.6 郭柏灵 甘在会 张景军 著
139 反应扩散方程引论(第二版) 2011.9 叶其孝 李正元 王明新 吴雅萍 著
140 代数模型论引论 2011.10 史念东 著
141 拓扑动力系统——从拓扑方法到遍历理论方法 2011.12 周作领 尹建东 许绍元 著
142 Littlewood-Paley 理论及其在流体动力学方程中的应用 2012.3 苗长兴 吴家宏 章志飞 著
143 有约束条件的统计推断及其应用 2012.3 王金德 著
144 混沌、Mel′nikov 方法及新发展 2012.6 李继彬 陈凤娟 著
145 现代统计模型 2012.6 薛留根 著
146 金融数学引论 2012.7 严加安 著
147 零过多数据的统计分析及其应用 2013.1 解锋昌 韦博成 林金官 编著
148 分形分析引论 2013.6 胡家信 著
149 索伯列夫空间导论 2013.8 陈国旺 编著
150 广义估计方程估计方法 2013.8 周 勇 著
151 统计质量控制图理论与方法 2013.8 王兆军 邹长亮 李忠华 著
152 有限群初步 2014.1 徐明曜 著
153 拓扑群引论(第二版) 2014.3 黎景辉 冯绪宁 著
154 现代非参数统计 2015.1 薛留根 著
155 三角范畴与导出范畴 2015.5 章 璞 著
156 线性算子的谱分析(第二版) 2015.6 孙 炯 王 忠 王万义 编著
157 双周期弹性断裂理论 2015.6 李 星 路见可 著
158 电磁流体动力学方程与奇异摄动理论 2015.8 王 术 冯跃红 著
159 算法数论(第二版) 2015.9 裴定一 祝跃飞 编著
160 有限集上的映射与动态过程——矩阵半张量积方法 2015.11 程代展 齐洪胜 贺风华 著
161 偏微分方程现代理论引论 2016.1 崔尚斌 著
162 现代测量误差模型 2016.3 李高荣 张 君 冯三营 著

163 偏微分方程引论 2016.3 韩丕功 刘朝霞 著

164 半导体偏微分方程引论 2016.4 张凯军 胡海丰 著

165 散乱数据拟合的模型、方法和理论(第二版) 2016.6 吴宗敏 著

166 交换代数与同调代数(第二版) 2016.12 李克正 著

167 Lipschitz 边界上的奇异积分与 Fourier 理论 2017.3 钱 涛 李澎涛 著

168 有限 p 群构造(上册) 2017.5 张勤海 安立坚 著

169 有限 p 群构造(下册) 2017.5 张勤海 安立坚 著

170 自然边界积分方法及其应用 2017.6 余德浩 著

171 非线性高阶发展方程 2017.6 陈国旺 陈翔英 著

172 数理逻辑导引 2017.9 冯 琦 编著

173 简明李群 2017.12 孟道骥 史毅茜 著

174 代数 K 理论 2018.6 黎景辉 著

175 线性代数导引 2018.9 冯 琦 编著

176 基于框架理论的图像融合 2019.6 杨小远 石 岩 王敬凯 著

177 均匀试验设计的理论和应用 2019.10 方开泰 刘民千 覃 红 周永道 著

178 集合论导引(第一卷：基本理论) 2019.12 冯 琦 著

179 集合论导引(第二卷：集论模型) 2019.12 冯 琦 著

180 集合论导引(第三卷：高阶无穷) 2019.12 冯 琦 著

181 半单李代数与 BGG 范畴 $\mathcal{O}$ 2020.2 胡 峻 周 凯 著

182 无穷维线性系统控制理论(第二版) 2020.5 郭宝珠 柴树根 著

183 模形式初步 2020.6 李文威 著

184 微分方程的李群方法 2021.3 蒋耀林 陈 诚 著

185 拓扑与变分方法及应用 2021.4 李树杰 张志涛 编著

186 完美数与斐波那契序列 2021.10 蔡天新 著

187 李群与李代数基础 2021.10 李克正 著

188 混沌、Melnikov 方法及新发展(第二版) 2021.10 李继彬 陈凤娟 著

189 一个大跳准则——重尾分布的理论和应用 2022.1 王岳宝 著

190 Cauchy-Riemann 方程的 L^2 理论 2022.3 陈伯勇 著

191 变分法与常微分方程边值问题 2022.4 葛渭高 王宏洲 庞慧慧 著

192 可积系统、正交多项式和随机矩阵——Riemann-Hilbert 方法 2022.5 范恩贵 著

193 三维流形组合拓扑基础 2022.6 雷逢春 李风玲 编著

194 随机过程教程 2022.9 任佳刚 著

195 现代保险风险理论 2022.10 郭军义 王过京 吴 荣 尹传存 著

196 代数数论及其通信应用 2023.3 冯克勤 刘凤梅 杨 晶 著

197　临界非线性色散方程　2023.3　苗长兴　徐桂香　郑继强　著

198　金融数学引论(第二版)　2023.3　严加安　著

199　丛代数理论导引　2023.3　李　方　黄　敏　著

200　$\mathcal{PT}$ 对称非线性波方程的理论与应用　2023.12　闫振亚　陈　勇　沈雨佳　温子超　李　昕　著

201　随机分析与控制简明教程　2024.3　熊　捷　张帅琪　著

202　动力系统中的小除数理论及应用　2024.3　司建国　司　文　著

203　凸分析　2024.3　刘　歆　刘亚锋　编著